第2級 陸上特殊無線技士 国試

要点マスター

最新問題と解説付きで一発合格

CQ出版社

本書の構成と使い方

　本書は，過去に出題された問題集の部分と参考書の部分を1冊にまとめたものです．併せて，本書では過去に出題された既出問題を各分野別・項目別にまとめ，単なる暗記ではなく問題を解くための用語や計算問題などの解き方を解説し内容を容易に理解しやすいようにしました．初めて国家試験を受験する人にも安心です．

　第2級陸上特殊無線技士の免許を取得するには，養成講習会を受講する方法もありますが，公益財団法人　日本無線協会が実施する国家試験に合格するのが結果的に早く，近道です．

　国家試験では過去に出題された既出問題が繰り返し出題されていますので，これらを中心に繰り返し学習することで効率良く容易に合格点を得ることが可能です．試験問題は4肢択一式ですから正答は必ずこの4つの選択肢の中にあるわけです．合格の秘訣は，その問題の中にある正答のヒントを見つけ出し，それをいかに正答に結び付けられるかにかかってきます．問題の中にある正答のヒントを見つけられるようになれば問題や答えを丸暗記することなく，能率的に勉強が進みます．

　なお，試験問題は選択肢が同じで順番が入れ替わったもの，他の選択肢の一部または全部が異なるもの，計算問題では数値が異なったものが出題される場合があるので，注意が必要です．

　後半の参考書の部分では問題で正解になるところを『赤字の太い字』のキーワードで示しています．これらの部分のキーワードをしっかり覚えることが，短期間で合格への早道になります．

CONTENTS

CONTENTS

法規の参考書

無線工学の参考書

表紙デザイン：(株)コイグラフィー

第2級
陸上特殊無線技士
受験案内

無線従事者制度について

　電波の能率的な利用を図るためには，無線設備が技術基準に適合するほか，その操作が適切に行われなければなりません．

　また，無線設備を操作するためには専門的な知識・技能が必要であり，誰にも自由に行わせることはできません．

　そのため，電波法では国際的な取り決め等に準拠して資格制度を採っており，無線局の無線設備の操作・監督には一部の例外を除き，一定の資格を有する無線従事者でなければ行ってはならないことを定めています．

無線局の無線設備の操作・監督を行う場合は無線従事者の免許が必要

　無線局の無線設備の操作・監督を行う場合は，無線局の規模に応じて一定の無線従事者免許が必要です．無線従事者免許のうち，第2級陸上特殊無線技士が操作可能な無線局としては，陸上分野のタクシー，パトロールカーなど各種の業務用の車両等に設置されている陸上移動無線局や航空機などに搭載される携帯局，これらと連携して通信を行う目的で陸上に設置される基地局，携帯基地局，固定局，衛星通信用のVSAT地球局，自動車などの速度測定用レーダーの無線標定局，中短波帯の陸上移動局や基地局などがあり，これら無線局の操作・監督に携わる方々がこの資格を取得しています．また，当該資格は第3級陸上特殊無線技士が操作できる範囲も包含していますので，陸上に開設する

VHF，UHF帯の小規模な陸上移動局，基地局などのほか，ドローンなど無人機へ搭載する無線設備（携帯局など）の操作・監督なども行うことができ，マイクロウエーブを使用する多重無線固定局や海岸局，航空局などを除き，陸上のほとんどの無線局の無線設備の操作・監督を行うことができるので，活用範囲が広い資格です．なお，無線従事者免許は終身免許ですから，一度試験を受けて免許を取得すれば，更新の必要がなく一生有効です．

国家試験の施行状況

第1表は過去5年間の第2級陸上特殊無線技士の国家試験の年度別の申請者数，棄権者数，受験者数，合格者数および合格率です．

第1表　第2級陸上特殊無線技士国家試験の受験状況（総務省統計より）

年　度	申請者数	棄権者数	受験者数	合格者数	合格率%
H29年度	1,536	157	1,379	1,233	89.4
H30年度	1,434	120	1,314	1,179	89.7
R1年度	1,438	152	1,286	1,145	89.0
R2年度	1.524	114	1,410	1,211	85.9
R3年度	2,330	206	2,124	1,871	88.1

国家試験の受験手続き

第2級陸上特殊無線技士の資格を取得するには，養成課程講習会を受講して修了試験に合格するか，公益財団法人日本無線協会[注1]（以下，日無協と略します）が実施する国家試

験に合格するか，2つの方法がありますが，ここでは，国家試験の受験手続きについて案内します．

(1) 試験はCBT方式

　第2級陸上特殊無線技士の国家試験はCBT（Computer Based Testing）方式で試験が実施されます．現在CBT方式試験の対象資格は，第2級陸上特殊無線技士，第3級陸上特殊無線技士，第2級海上特殊無線技士，第3級海上特殊無線技士，第3級アマチュア無線技士，第4級アマチュア無線技士の6資格です．

　CBT方式試験は，コンピュータを使った国家試験方式のことで，従来のような紙による定期試験ではなく，随時受付がなされ試験が実施されるので，年間を通じ土日含み好きな日時に申し込んで，申込の日から2週間後に全国の共通試験会場となるテストセンター[注2]で受験することができ，ほぼ毎日どこかのテストセンターで開催されているので従来と比べ受験機会が増えました．また，不合格になっても随時何度でも再受験が可能です．

注1 総務省指定試験機関（現在，日無協が指定されています）
注2 全国のテストセンターの一覧表は下記から確認できます．
　　https://cbt-s.com/examinee/testcenter/?type=cbt
　　試験に合格したあと，無線従事者の免許申請の手続きをすれば，第2級陸上特殊無線技士の資格の無線従事者免許証が総務省から交付されます．

(2) 国家試験の受験申込みの方法

　CBT方式の試験は日無協が㈱CBTソリューションズに委託して実施するもので，受験案内や受験申し込みは，インターネットから下記のサイトの同社のホームページ（CBT試

第1図　CBT試験の受験の流れ

験受験者ポータルサイト）にアクセスし行います（**第1図**）．スマートホンからの申し込みも可能です．

なお，身体に障がいがあるなどでCBT方式の試験の受験が困難な場合には日無協に問い合わせてください．

● 国家試験の受験案内
https://cbt-s.com/examinee/examination/nichimu

● 国家試験の申込方法・受験の流れ
https://cbt-s.com/examinee/examination/nichimu

(3) まずはユーザー登録から

　初めてCBT方式の受験をする場合は，上記国家試験の申込方法のサイトにアクセスし，ユーザーIDとパスワードを取得してマイアカウントを作成します（**第2図**）．そして予め試験場の空き具合を確認してからマイアカウントにログインして希望の受験資格，申込条件，住所，氏名，生年月日，電子メールアドレス，希望試験日，会場，時間，郵送物の送付宛先などのデータを入力します．そして，顔写真の電子登録を行い，受験手数料を支払って受験手続きを完了させます．顔写真の規格は，次のサイトを参照してください．

https://www.nichimu.or.jp/vc-files/kshiken/pdf/photomihon.pdf

第2図　ユーザーID(アカウント)の取得の画面

(4) 受験申し込みと受験手数料の支払い

　第2級陸上特殊無線技士の受験手数料は，5,600円で，クレジットカード，コンビニエンスストア，Pay-easyのいずれかで支払います.

　支払いが終わり受験手続が完了すると確認メールにて試験日程・試験会場のご案内，および注意事項が明記されてきますので，必ず内容を確認してください.

(5) 受験票

　受験申し込み後，受験票の発送はありませんので，試験当日は，筆記用具と本人確認書類(運転免許証，パスポート，マイナンバーカードなど顔写真付きのもののいずれかを持参します. 本人確認書類がないと受験できない場合があります. なお，上記書類のほかに認められる本人確認書類の詳細は下記CBTSサイトの「本人確認書類は何を用意す

れば良いですか？」を参照してください.

https://faq.cbt-s.com/

- 試験の申込方法や試験当日の問い合わせは下記受験サポートセンターへ問い合わせてください.

  TEL 03-5209-0553（09:30〜17:30年末年始を除く）

(4) 試験当日の注意

1. 遅刻しないこと

　試験場までの所要時間は，交通混雑や乗り換えなどで予想以上に時間がかかる場合があります. 試験日当日の会場は試験開始30〜5分前から入場可能となりますので，遅れることがないよう余裕をもって出掛けましょう.

2. 持ち物

　試験場に到着したら本人確認書類の提示をし，受付担当者より「受験ログイン情報シート」を受け取ります. この際，登録した顔写真との照合が行われます. 携帯電話や上着などのお手荷物全てを指定のロッカーに預けます.

3. 試験の流れ

　試験中に利用できる筆記用具とメモ用紙を受け取り試験室に入室後，「受験ログイン情報シート」に記載されているID とパスワードを入力してログイン後テストマシン上で，試験科目を確認したら試験の開始です. なお，試験が開始されたら途中退席はできません. 退席した時点で試験終了となりますので，トイレなどは入場前まで済ませておきましょう.

　試験は，画面に表示された各問題の正答肢をクリックして解答していきます. 全問解答した後，解答の番号に誤り

がないか確認します. 良ければ終了ボタンを押すと試験は終了し, 退室することができます.

　試験終了後に試験問題のメモや計算メモ類は回収されますので, 持ち帰ることはできません. なお試験終了後, 自動計算された合計スコア点数が表示されプリントアウトもできます(各科目ごとの点数は表示されません).

　試験内容についての問い合わせ先は, 下記のとおりです.

(公財)日本無線協会　試験部　TEL 03-3533-6022

https://www.nichimu.or.jp/

(5) 試験日程の変更やキャンセル

　受験日や会場の変更, 試験のキャンセルはマイページから試験の3日前まで可能ですが, 入金後の試験のキャンセルは手数料がかかります.

　詳細は, 上記のサイトで確認してください.

試験結果について

　試験終了後, 前述のように合計スコア点数が表示されプリントアウトもできますが, 正式な試験の合否の結果通知書は, 試験終了後概ね1カ月後に日無協から受験者へメールで通知されますので, サイトにアクセスしてCBT試験受付番号を入力し試験結果通知書(PDF)をダウンロードして確認してください. 受験日から1カ月経っても電子メールが届かない場合は, 日無協　試験部(TEL 03-3533-6022)へ問い合わせてください.

　第2表に日無協の事務所の名称, 所在地, 及び電話番号を示します.

第2表 日本無線協会の事務所の名称，所在地および電話番号

事務所の名称	事務所の所在地
(公財)日本無線協会 本部(関東)	〒104-0053　東京都中央区晴海3-3-3 江間忠ビル 電話03-3533-6022
(公財)日本無線協会 北海道支部	〒060-0002　札幌市中央区北2条西2-26 道特会館4F　電話011-271-6060
(公財)日本無線協会 東北支部	〒980-0014　仙台市青葉区本町3-2-26コンヤスビル 電話022-265-0575
(公財)日本無線協会 信越支部	〒380-0836　長野市南県町693-4 共栄火災ビル 電話026-234-1377
(公財)日本無線協会 北陸支部	〒920-0919　金沢市南町4-55WAKITA金沢ビル 電話076-222-7121
(公財)日本無線協会 東海支部	〒461-0011　名古屋市東区白壁3-12-13中産連ビル 新館6F　電話052-908-2589
(公財)日本無線協会 近畿支部	〒540-0012　大阪市中央区谷町1-3-5アンフィニィ・ 天満橋ビル　電話06-6942-0420
(公財)日本無線協会 中国支部	〒730-0004　広島市中区東白島町20-8川端ビル 電話082-227-5253
(公財)日本無線協会 四国支部	〒790-0814　松山市三番町7-13-13ミツミネビルデイン グ　電話089-946-4431
(公財)日本無線協会 九州支部	〒860-8524　熊本市中央区辛島町6-7いちご熊本ビル 電話096-356-7902
(公財)日本無線協会 沖縄支部	〒900-0027　那覇市山下町18-26山下市街地住宅 電話098-840-1816

合格後の手続き

　試験結果の合格のメールを受け取ったらすみやかに住所
地を管轄する総務省の地方総合通信局へ無線従事者免許の
申請を行いましょう．その際，試験結果通知書に記載され
た受験番号が必要ですので確認しておきましょう．免許申

13

請には，1,750円の収入印紙を貼った申請書，切手を貼った返信用封筒（簡易書留），住民票の写しが必要です．免許申請手続きの詳細，問い合わせは住所地を管轄する地方総合通信局または，下記総務省のWebを参照してください．

https://www.tele.soumu.go.jp/j/download/radioope/

　無線従事者免許申請書を提出した後，だいたい3週間くらいで総務省地方総合通信局から待望の「無線従事者免許証」があなたの手元に送られてきます．

　最後に，本書を利用して第2級陸上特殊無線技士に無事合格されることを祈念します．

合格へのアドバイス

〔1〕国家試験の試験科目・内容と対策

　電波法（無線従事者規則第5条第1項第十七号）によると，第2級陸上特殊無線技士の国家試験の試験科目は2科目で，

イ．無線工学：無線設備の取扱法（空中線系及び無線機器の機能の概要を含む）

ロ．法規：電波法及びこれに基づく命令の簡略な概要
　と決められています．

　実際の無線従事者国家試験は4肢択一式の試験問題です．そのためには，どのような分野や範囲から何問出題されるか，問題文を読んで問題の中のポイントや問われているものは何かを把握し，計算問題は公式を覚える，わかりにくい問題は繰り返し学習することが大切です．

〔2〕国家試験の出題分野と問題数, 問題例

　国家試験に効率よく合格するには, どの分野の各項目から何問出題されるかを把握しておき, 確実に合格点に達するように学習しなければなりません. 出題側では是非とも受験者に知っておいて欲しい重要な項目は繰り返し, また同じ分野から複数問が出題されます.

(1)　第2級陸上特殊無線技士の国家試験は, 無線工学12問, 法規12問の合計24問が出題され, 試験時間は合計で60分 (1時間) です. 採点基準は, 無線工学, 法規とも1問5点で, 満点は60点ですが, 合格点はそれぞれ40点以上 (無線工学12問中8問以上, 法規も8問以上) です. なお, 科目合格はありませんから, 無線工学, 法規とも同時に合格点を得なければ合格できません.

(2)　無線工学, 法規の科目の出題分野とその出題数は次の表のとおりです.

無線工学	
出題分野	問題数
無線工学の基礎	2
電子回路	1
送信機	1
受信機	1
送受信方式・装置	2
レーダー	1
空中線・給電線	1
電波伝搬	1
電　源	1
無線測定	1
合　　計	12問

法　規	
出題分野	問題数
法の目的・定義	1
無線局の免許	1
無線設備	1
無線従事者	3
運　用	1
監　督	3
業務書類	2
合　　計	12問

(3) 試験問題の形式はCBT方式による四肢択一式（4つの答えのうちから1つ正解を選ぶ）で無線工学，法規とも上記出題分野の中から受験者ごとランダムに問題が出題されます.

　12問中8問以上を正解しなければならないので，無線工学の分野では2問ずつ出題される無線工学の基礎，送受信方式受信機をおさえれば，半分の4問が克服できます．残りの4問は比較的やさしい電源，無線測定から他の分野を解いてゆけばよいことになります.

　法規の分野では，無線従事者，監督から各3問ずつ，業務書類の分野から2問出題されていますから，これだけ勉強しても合格ラインの8問になります．また，無線設備，業務書類の分野の掲載問題数が少ないので，これらの分野の問題をマスターしておくことで，効率よく点数を獲得することが可能です.

　具体的には次のように出題されますが，問題文をよく読み問題のねらいを把握することです.

【例問1】 次のダイオードのうち，光を感知して動作するものはどれか.

1.　発光ダイオード　　　　2.　ツェナーダイオード
3.　バラクタダイオード　　4.　ホトダイオード

　正答は4.のホトダイオードですが，問題のねらいはこれら4種類のダイオードが区別できるかということです．このうち光に関するものは「発光ダイオード」と「ホトダイオード」に絞り込まれますので，この2種類の違いを区別できることがポイントです.

〔3〕正答のヒント

　4肢択一式の試験問題の特徴は，問題の文中に「答えのヒント」が必ずあるということです．

　受験勉強のポイントは，問題文中にある解答のヒントをすばやく見つけ出し，それを答えに結びつけることです．

【例問2】次の記述は，疑似空中線回路の使用について述べたものである．電波法の規定に照らし，□□□内に入れるべき字句を下の番号から選べ．

　「無線局は，無線設備の機器の□□□又は調整を行うため運用するときには，なるべく疑似空中線回路を使用しなければならない.」

　1.　研究
　2.　開発
　3.　試験
　4.　調査

出題頻度：★★★☆☆　　×××ページ参照

　正答は3.試験です．どの選択肢も一見もっともらしい記述なので，惑わされないよう注意が必要です．

　この問題のヒントは，問題文中の「運用」です．4つの選択肢の中で無線局の運用を行う場合，常識的に考えても無線機器の「研究」や「開発」，「調査」は実運用の前段階の作業であり，消去法で「試験」が残ります．問題文中の「運用」と正答の「試験」を結びつけておけばよいことになります．

　注目問題で『出題頻度』の後にある★印は，その数が多いほど出題される確率が高くなります．たとえば，出題頻度

★★★★★の5個の問題は，出題頻度★の問題が1回出題されている間に，5回以上出題されることを意味しています．★の多い問題は，落とさないように勉強してください．

〔4〕計算問題について

　むずかしいとされる計算問題を，この要点マスターでは，計算の途中を省略しないで平易に解説しました．なお，これらの計算問題はすべてこれまでの国家試験に出題されたもので，今後も同じ数値でそのまま出題されると予想されます．

　なお，計算問題は毎回1問くらいしか出題されないので，計算問題を無視しても合格ラインに到達できます．

〔5〕問題と選択肢の整合性に注意

　問題に対する選択肢の整合性にも注意してください．

【例問3】次の文は，無線局の通信の相手方の変更等に関する電波法の規定であるが，□□□□内に入れるべき字句を下の番号から選べ．

　「免許人は，通信の相手方，通信事項若しくは無線設備の設置場所を変更し，又は無線設備の変更の工事をしようとするときは，あらかじめ総務大臣の□□□□を受けなければならない．」

　1．再免許　　2．指示　　3．審査　　4．許可

　正答は4.の「許可」です．設問は変更手続きのことですから「再免許」は不適当であることが直ぐわかります．また「審査」は総務大臣の許可の前段階で行われる総務省内の手続き

18

であり，これも不適当です．免許人の意思で変更手続きを行うわけですからそれに対して総務大臣からを「指示」を受けることはありません．したがって申請手続きに対しては総務大臣から許可を受けなければなりません．

〔6〕試験問題は最初と最後の文に注意

試験問題はしっかりと読み，内容を把握するとともに，文章の最初と最後には注意してください．

【例問4】次の記述の□□□に入れるべき字句の組み合わせで，正しいのは次のどれか.
AM変調は，信号波に応じて搬送波の□A□を変化させる.
FM変調は，信号波に応じて搬送波の□B□を変化させる.

	A	B		A	B
1.	周波数	振 幅	2.	振 幅	周波数
3.	周波数	周波数	4.	振 幅	振 幅

正答は2.です．この問題では変調方式によって搬送波の何が変化しているのかを問うもので，この違いは，問題文の最初のAM送信機かFM送信機の違いによります．AMのAはAmplitude(振幅)，FMのFはFrequency(周波数)と覚えておけば良いわけす．

〔7〕類似問題にも注意

法規，無線工学の試験問題は，既出問題の類似問題がたくさん出題されています．これらの問題を整理しておくと，覚える問題の数がずっと少なくなり，効率的に合格するこ

とができます.

〔8〕試験直前の最後の勉強

多くの人が国試の問題はむずかしいといいますが，重要な分野や項目は繰り返し出題されていますので，まずこれらをおさえた上で，比較的問題数が少ない分野から学習を進めてゆくことが効果的です．そして，試験勉強の仕上げはで十分理解できなかった問題を探し出すことです．苦手な問題を重点的に学習してください．

法規の問題集

1. 電波法の目的・定義

この分野では2問の中から1問出題

問1　次の記述は，電波法に規定する「無線局」の定義である．　　内に入れるべき字句を下の番号から選べ．

「無線局」とは，無線設備及び　　の総体をいう．ただし，受信のみを目的とするものを含まない．

1. 無線設備の操作を行う者
2. 無線設備の管理を行う者
3. 無線設備の操作の監督を行う者
4. 無線設備を所有する者

出題頻度：★★★★★　116ページ参照

問2　次の記述は，電波法の目的である．　　内に入れるべき字句を下の番号から選べ．

この法律は，電波の公平かつ　　な利用を確保することによって，公共の福祉を増進することを目的とする．

1. 能動的
2. 積極的
3. 能率的
4. 経済的

出題頻度：★★☆☆☆　116ページ参照

2. 無線局の免許

この分野では17問の中から1問出題

問1 無線局の免許人は，識別信号(呼出符号，呼出名称等をいう．)の指定の変更を受けようとするときは，どうしなければならないか．次のうちから選べ．

1. 総務大臣に識別信号の指定の変更を届け出る．
2. あらかじめ総務大臣の指示を受ける．
3. 総務大臣に免許状を提出し，訂正を受ける．
4. 総務大臣に識別信号の指定の変更を申請する．

出題頻度：★★★★★　122ページ参照

問2 固定局(免許の有効期間が1年以内であるものを除く．)の再免許の申請は，どの期間内に行わなければならないか．次のうちから選べ．

1. 免許の有効期間満了前3箇月以上6箇月を超えない期間
2. 免許の有効期間満了前2箇月以上3箇月を超えない期間
3. 免許の有効期間満了前2箇月まで
4. 免許の有効期間満了前1箇月まで

出題頻度：★☆☆☆☆　122ページ参照

問3 基地局を開設しようとする者は，どうしなければならないか．次のうちから選べ．

1. 基地局の運用開始の予定期日を総務大臣に届け出る．
2. 総務大臣の免許を受ける．
3. 主任無線従事者を選任する．

【答】問1：4，問2：1

23

4. 基地局を開設した旨，遅滞なく総務大臣に届け出る.

出題頻度：★★☆☆☆　119ページ参照

問4　無線局の免許状に記載される事項はどれか．次のうちから選べ.

1. 無線設備の設置場所
2. 無線従事者の氏名
3. 免許人の国籍
4. 工事落成の期限

出題頻度：★★☆☆☆　124ページ参照

問5　無線局の免許人は，電波の型式及び周波数の指定の変更を受けようとするときは，どうしなければならないか．次のうちから選べ.

1. 総務大臣に電波の型式及び周波数の指定の変更を届け出る.
2. 総務大臣に電波の型式及び周波数の指定の変更を申請する.
3. あらかじめ総務大臣の指示を受ける.
4. 免許状を総務大臣に提出し，訂正を受ける.

出題頻度：★★☆☆☆　122ページ参照

問6　無線局の免許人は，無線設備の変更の工事をしようとするときは，総務省令で定める場合を除き，どうしなければならないか．次のうちから選べ.

1. あらかじめ届け出る.
2. あらかじめ総務大臣の許可を受ける.
3. 適宜工事を行い，工事完了後総務大臣に届け出る.
4. あらかじめ総務大臣に届け出て，その指示を受ける.

出題頻度：★★★☆☆　122ページ参照

問7　無線局の免許人があらかじめ総務大臣の許可を受け

なければならないのはどの場合か．次のうちから選べ．

1. 無線局を廃止しようとするとき．
2. 無線従事者を選任しようとするとき．
3. 無線局の運用を休止しようとするとき．
4. 無線設備の設置場所を変更しようとするとき．

出題頻度：★★★☆☆　122ページ参照

問8　再免許を受けた固定局の免許の有効期間は何年か．次のうちから選べ．

1. 5年　　2. 4年　　3. 3年　　4. 10年

出題頻度：★☆☆☆☆　121ページ参照

問9　無線局の無線設備の変更の工事の許可を受けた免許人は，総務省令で定める場合を除き，どのような手続をとった後でなければ，許可に係る無線設備を運用してはならないか．次のうちから選べ．

1. 当該工事の結果が許可の内容に適合している旨を総務大臣に届け出た後
2. 総務大臣の検査を受け，当該工事の結果が許可の内容に適合していると認められた後
3. 運用開始の期日を総務大臣に届け出た後
4. 工事が完了した後，その運用について総務大臣の許可を受けた後

出題頻度：★☆☆☆☆　122ページ参照

問10　再免許を受けた陸士移動局の免許の有効期間は何年か．次のうちから選べ．

1. 3年　　2. 5年　　3. 10年　　4. 2年

出題頻度：★☆☆☆☆　121ページ参照

【答】問7：4，問8：1，問9：2，問10：2

問 11 無線局の予備免許が与えられるときに総務大臣から指定される事項はどれか. 次のうちから選べ.

1. 空中線電力
2. 無線局の種別
3. 無線設備の設置場所
4. 免許の有効期間

出題頻度：★★☆☆☆　120ページ参照

問 12 無線局の免許を与えられないことがある者はどれか. 次のうちから選べ.

1. 刑法に規定する罪を犯し懲役に処せられ，その執行を終わった日から2年を経過しない者
2. 無線局を廃止し，その廃止の日から2年を経過しない者
3. 無線局の免許の取消しを受け，その取消しの日から5年を経過しない者
4. 電波法に規定する罪を犯し罰金以上の刑に処せられ，その執行を終わった日から2年を経過しない者

出題頻度：★☆☆☆☆　124ページ参照

問 13 無線局の予備免許が与えられるときに総務大臣から指定される事項に該当しないものはどれか. 次のうちから選べ.

1. 呼出符号(標識符号を含む.)，呼出名称その他の総務省令で定める識別信号
2. 運用許容時間
3. 空中線電力
4. 通信の相手方及び通信事項

出題頻度：★☆☆☆☆　120ページ参照

問 14 陸上移動業務の無線局(免許の有効期間が１年以内であるものを除く.)の再免許の申請は，どの期間内に行

わなければならないか. 次のうちから選べ.

1. 免許の有効期間満了前1箇月まで
2. 免許の有効期間満了前2箇月まで
3. 免許の有効期間満了前2箇月以上3箇月を超えない期間
4. 免許の有効期間満了前3箇月以上6箇月を超えない期間

出題頻度：★☆☆☆☆　122ページ参照

問 15　無線局の免許人は，無線設備の設置場所を変更しようとするときは，どうしなければならないか. 次のうちから選べ.

1. あらかじめ総務大臣にその旨を報告する.
2. あらかじめ総務大臣にその旨を届け出る.
3. あらかじめ総務大臣の指示を受ける
4. あらかじめ総務大臣の許可を受ける.

出題頻度：★☆☆☆☆　122ページ参照

問 16　次の文は，無線局の通信の相手方の変更等に関する電波法の規定であるが，□□□内に入れるべき字句を下の番号から選べ.

「免許人は，無線局の目的，通信の相手方，通信事項若しくは無線設備の設置場所を変更し，又は無線設備の変更の工事をしようとするときは，あらかじめ総務大臣の□□□を受けなければならない.

1. 再免許　　2. 指示　　3. 審査　　4.　許可

出題頻度：★☆☆☆☆　122ページ参照

問 17　次に掲げる事項のうち，総務大臣が陸上移動業務の無線局の免許申請を受理し，その申請の審査をする際に審査する事項に該当しないものは，次のどれか.

【答】問14：4，問15：4，問16：4

27

1. その無線局の業務を遂行するに足りる財政的基礎があること.
2. 工事設計が電波法第3章(無線設備)に定める技術基準に適合すること.
3. 周波数割り当てが可能であること.
4. 総務省令で定める無線局(基幹放送局を除く)の開設の根本基準に合致すること.

出題頻度：★☆☆☆☆　119ページ参照

　【答】問17：1

3. 無線設備

この分野では10問の中から1問出題

問1 「F3E」の記号をもって表示する電波の型式はどれ
か. 次のうちから選べ.

1. 角度変調で周波数変調・アナログ信号である単一チャ
ネルのもの・電話(音響の放送を含む.)
2. パルス変調で無変調パルス列・変調信号のないもの・
無情報
3. 角度変調で周波数変調・デジタル信号である単一チャ
ネルのもの・ファクシミリ
4. 振幅変調の両側波帯・アナログ信号である単一チャネ
ルのもの・電話(音響の放送を含む.)

出題頻度:★★★★★ 127ページ参照

問2 次の記述は, 電波の質について述べたものである.
電波法の規定に照らし, □□□内に入れるべき字句を下の
番号から選べ.

送信設備に使用する電波の□□□, 高調波の強度等電
波の質は, 総務省令で定めるところに適合するものでな
ければならない.

1. 周波数の安定度 2. 変調度
3. 空中線電力の偏差 4. 周波数の偏差及び幅

出題頻度:★★★★★ 129ページ参照

問3 次の記述は, 電波の質について述べたものである.

【答】問1:1, 問2:4

電波法の規定に照らし，□□□内に入れるべき字句を下の番号から選べ．

送信設備に使用する電波の□□□電波の質は，総務省令で定めるところに適合するものでなければならない．

1. 周波数の偏差及び安定度等
2. 周波数の偏差，空中線電力の偏差等
3. 周波数の偏差及び幅，高調波の強度等
4. 周波数の偏差及び幅，空中線電力の偏差等

出題頻度：★★★☆☆　129ページ参照

問4 電波の主搬送波の変調の型式が角度変調で周波数変調のもの，主搬送波を変調する信号の性質がデジタル信号である2以上のチャネルのものであって，伝送情報の型式が電話（音響の放送を含む．）の電波の型式を表示する記号はどれか．次のうちから選べ．

1. A3E　　2. F3F　　3. F8E　　4. F7E

出題頻度：★★☆☆☆　127ページ参照

問5 電波法に規定する「電波」の定義として正しいものはどれか．次のうちから選べ．

1. 30万メガヘルツ以下の周波数の電磁波をいう．
2. 100万メガヘルツ以下の周波数の電磁波をいう．
3. 300万メガヘルツ以下の周波数の電磁波をいう．
4. 500万メガヘルツ以下の周波数の電磁波をいう．

出題頻度：★☆☆☆☆　126ページ参照

問6 電波の質として電波法に規定するものは，次のどれか．

1. 空中線電力の偏差　　　2. 変調度
3. 信号対雑音比　　　　　4. 周波数の幅

出題頻度：★☆☆☆☆　127ページ参照

問7　電波法に規定する電波の質は，次のどれか.

1. 信号対雑音比　　　2. 変調度
3. 電波の型式　　　　4. 高調波の強度

出題頻度：★☆☆☆☆　127ページ参照

問8　「パルス変調で変調信号がなく無情報のもの」の電波の型式は，どの記号で表示されるか. 正しいものを次のうちから選べ.

1. P0N　　2. P0F　　3. F0B　　4. A0A

出題頻度：★☆☆☆☆　127ページ参照

問9　電波の主搬送波の変調の型式が角度変調で周波数変調のもの，主搬送波を変調する信号の性質がアナログ信号である単一チャネルのものであって，伝送情報の型式が電話（音響の放送を含む.）の電波型式を表示する記号はどれか. 次のうちから選べ.

1. J3E　　2. A3E　　3. F1B　　4. F3E

出題頻度：★☆☆☆☆　127ページ参照

問10　次の記述は，電波の質に関する電波法の規定である. 　　　内に入れるべき字句を下の番号から選べ.

送信設備に使用する電波の　　　及び幅，高調波の強度等電波の質は，総務省令で定めるところに適合するものでなければならない.

1. 総合周波数特性　　2. 周波数の偏差
3. 変調度　　　　　　4. 型式

出題頻度：★☆☆☆☆　129ページ参照

【答】問6：4，問7：4，問8：1，問9：4，問10：2

31

4. 無線従事者

問 1 無線従事者は，その業務に従事しているときは，免許証をどのようにしていなければならないか．次のうちから選べ．

1. 通信室内の見やすい箇所に掲げる．
2. 携帯する．
3. 通信室内に保管する．
4. 無線局に備え付ける．

出題頻度：★★★★★　133ページ参照

問 2 無線従事者の免許が与えられないことがある者は，無線従事者の免許を取り消され，取消しの日からどれほどの期間を経過しないものか．次のうちから選べ．

1. 3年　　2. 1年　　3. 5年　　4. 2年

出題頻度：★★★☆☆　132ページ参照

問 3 第二級陸上特殊無線技士の資格を有する者が，陸上の無線局で人工衛星局の中継により無線通信を行うものの多重無線設備の外部の転換装置で電波の質に影響を及ぼさないものの技術操作を行うことができるのは，空中線電力何ワット以下のものか．次のうちから選べ．

1. 5ワット　　　　2. 25ワット
3. 50ワット　　　4. 100ワット

出題頻度：★★★★★　131ページ参照

問4 総務大臣が無線従事者の免許を与えないことができる者はどれか. 次のうちから選べ.

1. 日本の国籍を有しない者
2. 無線従事者の免許を取り消され, 取消しの日から2年を経過しない者
3. 無線従事者の免許を取り消され, 取消しの日から5年を経過しない者
4. 刑法に規定する罪を犯し罰金以上の刑に処せられ, その執行を終わり, 又はその執行を受けることがなくなった日から2年を経過しない者

出題頻度：★★★★★　132ページ参照

問5 無線局(総務省令で定めるものを除く.)の免許人は, 主任無線従事者を選任したときは, 当該主任無線従事者に選任の日からどれほどの期間内に無線設備の操作の監督に関し総務大臣の行う講習を受けさせなければならないか. 次のうちから選べ.

1. 5年　　2. 1年　　3. 6箇月　　4. 3箇月

出題頻度：★★★★★　132ページ参照

問6 第二級陸上特殊無線技士の資格を有する者の無線設備の操作の対象となる「陸上の無線局」に該当するものはどれか. 次のうちから選べ.

A
1. 固定局　　2. 海岸局　　3. 航空局　　4. 基幹放送局

B
1. 基地局　　2. 海岸局　　3. 航空局　　4. 基幹放送局

出題頻度：★★☆☆☆　131ページ参照

【答】問4：2, 問5：3, 問6：**A**：1, **B**：1

問7　第二級陸上特殊無線技士の資格を有する者が，陸上の無線局の25,010kHzから960MHzまでの周波数の電波を使用する無線設備（レーダーを除く．）の外部の転換装置で電波の質に影響を及ぼさないものの技術操作を行うことができるのは，空中線電力何ワット以下のものか．次のうちから選べ．

1.　20ワット　　　　2.　10ワット
3.　50ワット　　　　4.　30ワット

出題頻度：★★★★☆　132ページ参照

問8　第二級陸上特殊無線技士の資格を有する者が，陸上の無線局の空中線電力50ワット以下の無線設備（レーダーを除く．）の外部の転換装置で電波の質に影響を及ぼさないものの技術操作を行うことができる周波数の電波はどれか．次のうちから選べ．

1.　25,010kHzから960MHzまで
2.　960MHz以上
3.　4,000kHzから25,010kHzまで
4.　1,606.5kHzから4,000kHzまで

出題頻度：★★★☆☆　132ページ参照

問9　無線従事者がその免許証の再交付を受けることができる場合に該当しないものはどれか．次のうちから選べ．

1.　無線従事者免許証を失ったとき．
2.　無線従事者免許証を汚したとき．
3.　氏名に変更を生じたとき．
4.　住所に変更を生じたとき．

出題頻度：★☆☆☆☆　132ページ参照

無線事業者

問10 無線従事者は, 免許証を失ったためにその再交付を受けた後, 失った免許証を発見したときは, どうしなければならないか. 次のうちから選べ.

1. 発見した日から10日以内に再交付を受けた免許証を総務大臣に返納する.
2. 発見した日から10日以内に発見した免許証を総務大臣に返納する.
3. 発見した日から10日以内にその旨 を総務大臣に届け出る.
4. 速やかに発見した免許証を廃棄する.

出題頻度:★☆☆☆☆　133ページ参照

問11 「無線従事者」の定義として, 正しいものはどれか. 次のうちから選べ.

1. 無線設備の操作又はその監督を行う者であって, 総務大臣の免許を受けたものをいう.
2. 無線設備の操作を行う者であって, 無線局に配置されたものをいう.
3. 無線従事者国家試験に合格した者をいう.
4. 無線設備の操作を行う者をいう.

出題頻度:★☆☆☆☆　131ページ参照

問12 無線従事者は, 免許の取消しの処分を受けたときは, その処分を受けた日から何日以内にその免許証を総務大臣に返納しなければならないか. 次のうちから選べ.

1. 7日　　2. 10日　　3. 14日　　4. 30日

出題頻度:★☆☆☆☆　133ページ参照

問13 無線従事者が免許証を総務大臣に返納しなければならないのはどの場合か. 次のうちから選べ.

【答】問10：2, 問11：1, 問12：2

A

1. 5年以上無線設備の操作を行わなかったとき.
2. 無線通信の業務に従事することを停止されたとき.
3. 無線従事者の免許を受けてから5年を経過したとき.
4. 無線従事者の免許の取消しの処分を受けたとき.

B

1. 無線従事者の免許を受けてから5年を経過したとき.
2. 無線通信の業務に従事することを停止されたとき.
3. 5年以上無線設備の操作を行わなかったとき.
4. 免許証を失ったために再交付を受けた後, 失った免許証を発見したとき.

C

1. 無線従事者の免許を受けて5年を経過したとき.
2. 無線通信の業務に従事することを停止されたとき.
3. 5年以上無線設備の操作を行わなかったとき.
4. 無線従事者が失そうの宣告を受けたとき.

出題頻度：★★☆☆☆　133ページ参照

問 14 第二級陸上特殊無線技士の資格を有する者が, 陸上の無線局の1,606.5kHzから4,000kHzまでの周波数の電波を使用する無線設備(多重無線設備を除く.)の外部転換装置で電波の質に影響を及ぼさないものの技術操作を行うことができるのは, 空中線電力何ワット以下のものか. 次のうちから選べ.

1. 5ワット　　2. 10ワット
3. 50ワット　　4. 100ワット

出題頻度：★☆☆☆☆　131ページ参照

問 15 第二級陸上特殊無線技士の資格を有する者が，陸上の無線局の空中線電力10ワット以下の無線設備（多重無線設備を除く．）の外部の転換装置で電波の質に影響を及ぼさないものの技術操作を行うことができる電波の周波数範囲は，次のうちのどれか．

1. 1,605.5kHz以下
2. 1,606.5kHzから4,000kHzまで
3. 4,000kHzから21,000kHzまで
4. 21,000kHzから25,010kHzまで

出題頻度：★☆☆☆☆　131ページ参照

問 16 第二級陸上特殊無線技士の資格を有する者が，陸上の無線局レーダーの技術操作を行うことができるのは，次のうちどれか．

1. レーダーの外部の転換装置で電波の質に影響を及ぼさないもの．
2. レーダーの空中線電力に影響を及ぼさないもの．
3. レーダーの外部の調整部分．
4. レーダーのすべての操作．

出題頻度：★☆☆☆☆　131ページ参照

問 17 第二級陸上特殊無線技士の資格を有する者が，レーダーの外部の転換装置で電波の質に影響を及ぼさないものの技術操作を行うことができるのは，次のどの部分か．

1. 実験試験局　　2. 海岸局
3. 無線航行局　　4. 航空局

出題頻度：★☆☆☆☆　131ページ参照

【答】問15：2，問16：1，問17：1

5. 運用

この分野では12問の中から1問出題

問1 空中線電力50ワットの固定局の無線設備を使用して無線電話通信の呼出しを行う場合において，確実に連絡の設定ができると認められるときの呼出しは，どれによることができるか．次のうちから選べ．

1. (1) 相手局の呼出名称　　　3回以下
　 (2) こちらは　　　　　　　1回
2. (1) こちらは　　　　　　　1回
　 (2) 自局の呼出名称　　　　3回以下
3. 自局の呼出名称　　　　　　3回以下
4. 相手局の呼出名称　　　　　3回以下

出題頻度：★★☆☆☆　140ページ参照

問2 一般通信方法における無線通信の原則として無線局運用規則に定める事項に該当するものはどれか．次のうちから選べ．

A

1. 無線通信は，長時間継続して行ってはならない．
2. 無線通信に使用する用語は，できる限り簡潔でなければならない．
3. 無線通信を行う場合においては，暗語を使用してはならない．
4. 無線通信は，試験電波を発射した後でなければ行って

はならない.

B

1. 無線通信は迅速に行うものとし，できる限り速い速度で行わなければならない.
2. 無線通信に使用する用語は，できる限り通常使用するものでなけれなならない.
3. 無線通信には，略語以外の用語を使用してはならない.
4. 必要のない無線通信は．これを行ってはならない.

出題頻度：★★★☆☆　137ページ参照

問3　次の記述は，擬似空中線回路の使用について述べたものである. 電波法の規定に照らし，□□□内に入れるべき字句を下の番号から選べ.

　無線局は，無線設備の機器の□□□又は調整を行うために運用するときには，なるべく擬似空中線回路を使用しなければならない.

1. 研究　　2. 開発　　3. 試験　　4. 調査

出題頻度：★★★☆☆　136ページ参照

問4　無線電話通信において，応答に際して直ちに通報を受信しようとするときに応答事項の次に送信する略語はどれか. 次のうちから選べ.

1. ＯＫ　　　　　2. 了解
3. どうぞ　　　　4. 送信してください

出題頻度：★★★★☆　139ページ参照

問5　無線局を運用する場合においては，遭難通信を行う場合を除き，電波の型式及び周波数は，どの書類に記載されたところによらなければならないか. 次のうちから

選べ.

1. 免許状
2. 無線局事項書の写し
3. 免許証
4. 無線局の免許の申請書の写し

出題頻度：★☆☆☆☆　135ページ参照

問6　次の記述は，陸上移動業務の無線局の無線電話通信における応答事項を掲げたものである．無線局運用規則の規定に照らし，□□□内に入れるべき字句を下の番号から選べ．

① 相手局の呼出名称　　　3回以下

② こちらは　　　　　　　1回

③ 自局の呼出名称　　　　□□□

1. 1回　　2. 2回以下　　3. 3回　　4. 3回以下

出題頻度：★★★★☆　139ページ参照

問7　無線局において，「非常」を前置した呼出しを受信した場合は，応答する場合を除き，どうしなければならないか．次のうちから選べ．

1. 直ちに付近の無線局に通報する．
2. すべての電波の発射を停止する．
3. 直ちに非常災害対策本部に通知する．
4. 混信を与える虞のある電波の発射を停止して傍受する．

出題頻度：★☆☆☆☆　141ページ参照

問8　無線局がなるべく疑似空中線回路を使用しなければならないのはどの場合か．次のうちから選べ．

1. 他の無線局の通信に混信を与える虞があるとき．

2. 工事設計書に記載された空中線を使用できないとき.

3. 無線設備の機器の試験又は調整を行うために運用するとき.

4. 総務大臣の行う無線局の検査のために運用するとき.

出題頻度：★☆☆☆☆　**136ページ参照**

問9 無線局を運用する場合において，無線設備の設置場所は，遭難通信を行う場合を除き，どの書類に記載されたところによらねばならないか．次のうちから選べ.

1. 無線局免許申請書

2. 無線局事項書

3. 免許状又は登録状

4. 免許証

出題頻度：★☆☆☆☆　**135ページ参照**

問10 無線局は，自局の呼出しが他の既に行われている通信に混信を与えている旨の通知を受けたときは，どうしなければならないか．正しいものを次のうちから選べ.

1. 直ちにその呼出しを中止する.

2. 空中線電力を低下してその呼出しを続ける.

3. できる限り短い時間にその呼出しを終える.

4. 10秒間その呼出しを中止してから再開する.

出題頻度：★☆☆☆☆　**139ページ参照**

問11 空中線電力50ワット以下の固定局の無線電話を使用して応答を行う場合において，確実に連絡の設定ができると認められたときに応答事項のうち送信を省略できる事項はどれか．次のうちから選べ.

1. どうぞ

2. (1) こちらは　　　　　　　　　1回

　　(2) 自局の呼出名称　　　　　　1回

3. 相手局の呼出名称　　　　　　3回以下

4. (1)相手局の呼出名称　　　　　3回以下

　　(2)こちらは　　　　　　　　　1回

出題頻度：★☆☆☆☆　140ページ参照

問12　非常の場合の無線通信において，無線電話より連絡を設定するための呼出し又は応答は，次のどれによって行うことになっているか．

1. 呼出し事項又は応答事項に「非常」3回を前置する．

2. 呼出し事項又は応答事項に「非常」1回を前置する．

3. 呼出し事項又は応答事項の次に「非常」2回を送信する．

4. 呼出し事項又は応答事項の次に「非常」3回を送信する．

出題頻度：★☆☆☆☆　141ページ参照

6. 監 督

この分野では21問の中から3問出題

問1 総務大臣は，無線局の発射する電波の質が総務省令で定めるものに適合していないと認めるときは，その無線局に対してどのような処分を行うことができるか．次のうちから選べ．

1. 無線局の免許を取り消す．
2. 臨時に電波の発射の停止を命ずる．
3. 空中線の撤去を命ずる．
4. 周波数又は空中線電力の指定を変更する．

出題頻度：★★★★★　144ページ参照

問2 無線従事者が総務大臣から3箇月以内の期間を定めてその業務に従事することを停止されることがあるのはどの場合か．次のうちから選べ．

1. 電波法又は電波法に基づく命令に違反したとき．
2. 免許証を失ったとき．
3. その業務に従事する無線局の運用を1年間休止したとき．
4. 無線通信の業務に従事することがなくなったとき．

出題頻度：★★★★★　145ページ参照

問3 無線局の免許人が，電波法又は電波法に基づく命令の規定に違反して運用した無線局を認めたときは，どうしなければならないか．次のうちから選べ．

1. その無線局の免許人を告発する．

2. その無線局の免許人にその旨を通知する.

3. その無線局の電波の発射の停止を求める.

4. 総務省令で定める手続により, 総務大臣に報告する.

出題頻度：★★★★★　146ページ参照

問4 総務大臣から無線従事者がその免許を取り消される
ことがあるのはどの場合か. 次のうちから選べ.

A

1. 日本の国籍を有しない者となったとき.

2. 不正な手段により無線従事者の免許を受けたとき.

3. 刑法に規定する罪を犯し, 罰金以上の刑に処せられたとき.

4. 引き続き5年以上無線設備の操作を行わなかったとき.

B

1. 免許証を失ったとき.

2. 電波法又は電波法に基づく命令に違反したとき.

3. 日本の国籍を有しない者となったとき.

4. 引き続き5年以上無線設備の操作を行わなかったとき.

出題頻度：★★★★★　145ページ参照

問5 無線局の免許人は, 非常通信を行ったときは, どう
しなければならないか. 次のうちから選べ.

1. 総務省令で定める手続により, 総務大臣に報告する.

2. その通信の記録を作成し, 1年間これを保存する.

3. 非常災害対策本部長に届け出る.

4. 地方防災会議長にその旨を通知する.

出題頻度：★★★★★　146ページ参照

問6 無線局の定期検査(電波法第73条第1項の検査)にお
いて検査される事項に該当しないものはどれか. 次のう

　【答】問3：4, 問4：**A**：2, **B**：2, 問5：1

ちから選べ.

1. 無線従事者の知識及び技能
2. 無線従事者の資格及び員数
3. 無線設備
4. 時計及び書類

出題頻度：★★★★☆　145ページ参照

問7　無線局の臨時検査(電波法第73条第5項の検査)において検査されることがあるものはどれか. 次のうちから選べ.

1. 無線従事者の知識及び技能
2. 無線従事者の勤務状況
3. 無線従事者の業務経歴
4. 無線従事者の資格及び員数

出題頻度：★☆☆☆☆　145ページ参照

問8　免許人は，無線局の検査の結果について総務大臣から指示を受け相当な措置をしたときは，どうしなければならないか. 次のうちから選べ.

1. その措置の内容を免許状の余白に記載する.
2. その措置の内容を無線局事項書の写しの余白に記載する.
3. その措置の内容を検査職員に連絡し，再度検査を受ける.
4. 速やかにその措置の内容を総務大臣に報告する.

出題頻度：★★★★☆　144ページ参照

問9　総務大臣は，無線局の発射する電波の質が総務省令で定めるものに適合しないと認めて臨時に電波の発射の停止を命じた当該無線局から，発射する電波の質が総務省令の定めるものに適合するに至った旨の申出を受けた

【答】問6：1，問7：4，問8：4

ときはどうしなければならないか．次のうちから選べ．

1. その無線局に電波を試験的に発射させる．
2. その無線局の電波の発射の停止を解除する．
3. その無線局の無線設備を総務大臣の登録を受けた登録点検事業者に点検させる．
4. その無線局の発射する電波の質が総務省令に適合するように措置した内容を報告させる．

出題頻度：★☆☆☆☆　144ページ参照

問 10 　無線従事者がその免許を取り消されることがある場合に該当しないものはどれか．次のうちから選べ．

1. 不正な手段により無線従事者の免許を受けたとき．
2. 引き続き5年以上無線設備の操作を行わなかったとき．
3. 著しく心身に欠陥があって無線従事者たるに適しない者に該当するに至ったとき．
4. 電波法若しくは電波法に基づく命令又はこれらに基づく処分に違反したとき．

出題頻度：★★☆☆☆　145ページ参照

問 11 　総務大臣が無線局に対して臨時に電波の発射の停止を命ずることができるのはどの場合か．次のうちから選べ．

1. 無線局の発射する電波の質が総務省令で定めるものに適合していないと認めるとき．
2. 免許状に記載された空中線電力の範囲を超えて無線局を運用していると認めるとき．
3. 無線局の発射する電波が他の無線局の通信に混信を与えていると認めるとき．

4. 運用の停止を命じた無線局を運用していると認めるとき.

出題頻度：★★★☆☆　144ページ参照

問12　無線局の免許人が電波法又は電波法に基づく命令に違反したときに総務大臣が行うことができる処分はどれか. 次のうちから選べ.

1. 再免許の拒否
2. 3箇月以内の期間を定めて行う無線局の運用の停止
3. 期間を定めて行う電波の型式の制限
4. 期間を定めて行う通信の相手方又は通信事項の制限

出題頻度：★★☆☆☆　144ページ参照

問13　総務大臣が無線従事者の免許を与えないことができるきる者は，無線従事者の免許を取消し，取消しの日からどれほどの期間を経過しないものか. 次のうちから選べ.

1. 3年　　2. 1年　　3. 5年　　4. 2年

出題頻度：★☆☆☆☆　145ページ参照

問14　無線従事者が電波法又は電波法に基づく命令に違反したときに総務大臣から受けることがある処分はどれか. 次のうちから選べ.

1. その業務に従事する無線局の運用の停止.
2. 6箇月間の業務に従事することの停止.
3. 期間を定めて行う無線設備の操作範囲の制限.
4. 無線従事者の免許の取消し.

出題頻度：★☆☆☆☆　145ページ参照

問15　無線局の免許人が電波法又は電波法に基づく命令に違反したときに総務大臣が行うことができる処分はどれ

か. 次のうちから選べ.

1. 無線局の運用停止.
2. 電波の発射の停止.
3. 違反した無線従事者の解任.
4. 再免許の拒否.

出題頻度:★★★☆☆　144ページ参照

問 16　臨時検査(電波法73条第4項の検査)が行われる場合は, 次のどれか.

1. 臨時に電波の発射の停止を命じられたとき.
2. 無線設備の変更の工事を行ったとき.
3. 無線従事者解任届を提出したとき.
4. 無線局の免許が与えられたとき.

出題頻度:★☆☆☆☆　146ページ参照

問 17　免許人又は登録人が電波法, 放送法若しくはこれらの法律に基づく命令又はこれらに基づく処分に違反したとき, 電波法の規定により総務大臣が当該無線局に対して行うことがある処分を次のうちから選べ.

1. 期間を定めた電波の型式の制限.
2. 再免許の拒否
3. 期間を定めた通信の相手方又は通信事項の制限.
4. 期間を定めた空中線電力の制限.

出題頻度:★☆☆☆☆　144ページ参照

問 18　免許人等が無線局の運用許容時間, 周波数又は空中線電力の制限を受けることがある場合は, 次のどれか.

1. 不正な手段により無線設備の設置場所の変更の許可を受けたとき.

　【答】問15:1, 問16:1, 問17:4

2. 不正な手段により周波数の指定の変更を行わせたとき.

3. 無線局の運用を引き続き6箇月以上休止したとき.

4. 電波法に基づく命令に違反したとき.

出題頻度：★☆☆☆☆ 144ページ参照

問 19 免許人(包括免許を除く.)が不正な手段により無線設備の変更の工事の許可を受けたとき，どの処分を受けるか. 正しいものを次のうちから選べ.

1. 3箇月以内の無線局の運用の停止.

2. 無線局の免許の取消し.

3. 期間を定めた電波の発射の停止.

4. 期間を定めた周波数の制限.

出題頻度：★☆☆☆☆ 144ページ参照

問 20 無線局の免許人(包括免許人等別に定めるものを除く.)は，無線局の免許を受けた日から起算して何日以内に，また，その後毎年その免許の日に応当する日(応当する日がない場合は，その翌日)から起算して何日以内に電波法に定める電波利用料を国に納めなければならないか. 次のうちから選べ.

1. 20日　　2. 60日　　3. 10日　　4. 30日

出題頻度：★☆☆☆☆ 146ページ参照

問 21 総務大臣が無線局に電波の発射を命じて行う定期検査(電波法第73条第1項ただし書きの検査)において，検査する事項は，次のどれか.

1. 無線局の電波の質又は空中線電力.

2. 無線局の運用状況.

3. 無線従事者の技能.

4. 電波の変調度

出題頻度：★☆☆☆☆　144ページ参照

7. 業務書類

この分野では11問の中から2問出題

問 1 陸上移動局(包括免許に係る特定無線局その他別に定める無線局を除く.)の免許状は, どこに備え付けておかなければならないか. 次のうちから選べ.

1. 免許状は免許人の住所
2. その送信装置のある場所
3. 免許状は基地局の無線設備の設置場所
4. 免許状は無線設備の常置場所

出題頻度：★★★★★　148ページ参照

問 2 基地局の免許状は, 掲示を困難とするものを除き, どの箇所に掲げておかなければならないか. 次のうちから選べ.

1. 主たる送信装置のある場所の見やすい箇所
2. 受信装置のある場所の見やすい箇所
3. 通信室内の見やすい箇所
4. 無線局のある事務所の見やすい箇所

出題頻度：★☆☆☆☆　149ページ参照

問 3 無線局の免許がその効力を失ったときは, 免許人であった者は, その免許状をどうしなければならないか. 次のうちから選べ.

1. 直ちに廃棄する.
2. 3箇月以内に総務大臣に返納する.

3. 1箇月以内に総務大臣に返納する.

4. 2年間保管する.

出題頻度：★★★★★　150ページ参照

問4　無線局の免許人は，主任無線従事者を選任し，又は解任したときは，どうしなければならないか．次のうちから選べ.

1. 遅滞なく，その旨を総務大臣に届け出る.

2. 1箇月以内にその旨を総務大臣に届け出る.

3. 2週間以内にその旨を総務大臣に報告する.

4. 速やかに，総務大臣の承認を受ける.

出題頻度：☆☆☆☆☆　149ページ参照

問5　基地局に備え付けておかなければならない書類はどれか．次のうちから選べ.

1. 無線従事者免許証

2. 免許状

3. 無線局の免許の申請書の写し

4. 無線設備等の点検実施報告書の写し

出題頻度：★☆☆☆☆　148ページ参照

問6　無線局の免許状を1箇月以内に返納しなければならないのはどの場合か．次のうちから選べ.

A

1. 6箇月以上無線局の運用を休止するとき.

2. 無線局を廃止したとき.

3. 免許状を破損し又は汚したとき.

4. 電波の発射の停止を命じられたとき.

B

1. 無線局を休止したとき.
2. 無線局の免許がその効力を失ったとき.
3. 免許状を破損し又は汚したとき.
4. 無線局の運用の停止を命ぜられたとき.

出題頻度：★★☆☆☆　150ページ参照

問7　無線局の免許人は，免許状に記載した住所に変更を生じたときは，どうしなければならないか．次のうちから選べ.

1. 総務大臣に無線設備の設置場所の変更を申請する.
2. 遅滞なく，その旨を総務大臣に届け出る.
3. 免許状を総務大臣に提出し，訂正を受ける.
4. 免許状を訂正し，その旨を総務大臣に報告する.

出題頻度：★★☆☆☆　150ページ参照

問8　無線局の免許人は，無線従事者を選任し，又は解任したときは，どうしなければならないか．次のうちから選べ.

1. 1箇月以内にその旨を総務大臣に報告する.
2. 遅滞なく，その旨を総務大臣に届け出る.
3. 速やかに総務大臣の承認を受ける.
4. 2週間以内にその旨を総務大臣に届け出る.

出題頻度：★★★★★　149ページ参照

問9　無線局の免許人が総務大臣に遅滞なく免許状を返さなければならないのはどの場合か．次のうちから選べ.

1. 無線局の運用の停止を命じられたとき.
2. 電波の発射の停止を命じられたとき.

【答】問6：**A**：2，**B**：2，問7：3，問8：2

3. 免許状を汚したために再交付の申請を行い，新たな免許状の交付を受けたとき．
4. 免許人が電波法に違反したとき．

出題頻度：★★☆☆☆　150ページ参照

問10　携帯局(包括免許に係る特定無線局その他別に定める無線局を除く.)の免許状は，どこに備え付けておかなければならないか．次のうちから選べ．

1. 免許状は免許人の住所
2. 免許状はその無線設備の常置場所
3. その送信装置のある場所
4. 免許状は基地局の無線設備の設置場所

出題頻度：★☆☆☆☆　148ページ参照

問11　陸上移動局の免許状は，どこに備え付けておかなければならないか．正しいものを次のうちから選べ．

1. 無線設備の常置場所
2. 基地局の無線設備の設置場所
3. 基地局の通信室
4. その送信装置のある場所

出題頻度：★☆☆☆☆　148ページ参照

無線工学の
問題集

1. 無線工学の基礎

この分野では30問の中から2問出題

問 1　次の記述の　　　内に入れるべき字句の組合せで，正しいのはどれか．

ベース接地でNPN形トランジスタを使う場合，ベース・エミッタ間のPN接合面には　A　方向電圧を，コレクタ・ベース間のPN接合面には　B　方向電圧を加えるのが標準である．

	A	B		A	B
1.	順	順	2.	順	逆
3.	逆	順	4.	逆	逆

出題頻度：★★★★☆　152ページ参照

問 2　半導体を用いた電子部品の温度が上昇すると，一般にその部品の動作にどのような変化が起きるか．

1. 半導体の抵抗が増加し，電流が増加する．
2. 半導体の抵抗が増加し，電流が減少する．
3. 半導体の抵抗が減少し，電流が増加する．
4. 半導体の抵抗が減少し，電流が減少する．

出題頻度：★★★★★　154ページ参照

問 3　電気回路に利用される部品で，次の図記号と名称との組合せのうち誤っているのはどれか．

図記号	名称	図記号	名称
1. ——┤├——	電 池	2. ——┤├——	コンデンサ
3. ～～～	トランス	4. ——▷┤——	ダイオード

出題頻度：★☆☆☆☆　155ページ参照

問4 図に示すトランジスタの電極の名称の組合せで，正しいのは次のうちどれか．

	①	②	③
1.	ベース	エミッタ	コレクタ
2.	ベース	コレクタ	エミッタ
3.	エミッタ	コレクタ	ベース
4.	コレクタ	ベース	エミッタ

出題頻度：★☆☆☆☆　152ページ参照

問5 図に示すNPN型トランジスタの図記号において，次に挙げた電極名の組合せのうち，正しいのはどれか．

	①	②	③
1.	ベース	エミッタ	コレクタ
2.	エミッタ	コレクタ	ベース
3.	ベース	コレクタ	エミッタ
4.	コレクタ	ベース	エミッタ

出題頻度：★☆☆☆☆　152ページ参照

問6 図に示す回路の端子ab 間の合成静電容量は幾らになるか．

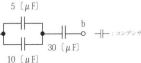

【答】問3：3，問4：2，問5：3

1. 10 〔μF〕　　　2. 15 〔μF〕

3. 20 〔μF〕　　　4. 45 〔μF〕

出題頻度：★★★☆☆　156, 234ページ参照

　問7　次の記述の□□□内に入れるべき字句の組合せで，正しいのはどれか.

　接合形トランジスタは，三つの層から出来ている. 中間の層は　A　く作られた構造をもち，その層を　B　といい，その両側の層を　C　という.

	A	B	C
1.	厚	ベース	コレクタ及びエミッタ
2.	厚	エミッタ	コレクタ及びベース
3.	薄	ベース	コレクタ及びエミッタ
4.	薄	エミッタ	コレクタ及びベース

出題頻度：★★★☆☆　152ページ参照

　問8　図に示す回路の端子ab間の合成抵抗の値として，正しいのは次のうちどれか.

1. 2.2〔kΩ〕
2. 3.5〔kΩ〕
3. 6　〔kΩ〕
4. 7　〔kΩ〕

2〔kΩ〕

1〔kΩ〕

a ○─

─○ b

3〔kΩ〕

▭ ：抵抗

出題頻度：★★☆☆☆　157, 235ページ参照

　問9　次に挙げた消費電力Pを表す式において，誤っているのはどれか. ただし，Eは電圧，Iは電流，Rは抵抗とする.

1. $P = EI$　　　　2. $P = I^2R$

3. $P = E^2/R$　　　4. $P = EI^2/R$

　【答】問6：1，問7：3，問8：1，問9：4

出題頻度：★☆☆☆☆　158ページ参照

問10　図に示すPNP形トランジスタの図記号において，次に挙げた電極名の組合せのうち，正しいのは次のうちどれか.

	①	②	③
1.	ベース	エミッタ	コレクタ
2.	エミッタ	コレクタ	ベース
3.	ベース	コレクタ	エミッタ
4.	コレクタ	ベース	エミッタ

出題頻度：★☆☆☆☆　152ページ参照

問11　図に示す回路の端子ab間の合成抵抗の値として，正しいのは次のうちどれか.

1. 1.3〔kΩ〕
2. 5.6〔kΩ〕
3. 8.5〔kΩ〕
4. 17〔kΩ〕

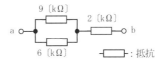
: 抵抗

出題頻度：★☆☆☆☆　157, 235ページ参照

問12　図に示す電気回路において，抵抗Rの大きさを3倍にすると，この抵抗の消費電力は，何倍になるか.

1. 3倍
2. 4倍
3. $\frac{1}{3}$倍
4. $\frac{1}{4}$倍

—┤├—：直流電源　—▭—：抵抗

出題頻度：★☆☆☆☆　158, 235ページ参照

問13　図に示す回路の端子ab間の合成静電容量は幾らになるか.

1. 10〔μF〕
2. 12〔μF〕
3. 15〔μF〕
4. 40〔μF〕

```
         20〔μF〕
      ┌──┤├──┐
   a  │        │  b
   o──┤├──●────●──o
  20〔μF〕 │        │
      └──┤├──┘
       40〔μF〕
```

┤├ ：コンデンサ

出題頻度：★☆☆☆☆　156, 234ページ参照

問14 次のダイオードのうち，一般に定電圧回路に用いられるのはどれか．
1. ホトダイオード
2. 発光ダイオード
3. ツェナーダイオード
4. バラクタダイオード

出題頻度：★☆☆☆☆　159ページ参照

問15 次のダイオードのうち，光を感知して動作するのはどれか．
1. 発光ダイオード　　　　2. ツェナーダイオード
3. バラクタダイオード　　4. ホトダイオード

出題頻度：★☆☆☆☆　159ページ参照

問16 次に挙げた消費電力Pを表す式において，誤っているのはどれか．ただし，Eは電圧，Iは電流，Rは抵抗とする．
1. $P = EI$
2. $P = E／R$
3. $P = I^2R$
4. $P = E^2／R$

┤├：直流電源　　⊏⊐：抵抗

出題頻度：★☆☆☆☆　158, 235ページ参照

問17 図に示す電気回路において，抵抗Rの値の大きさを2倍にすると，この抵抗の消費電力は，何倍になるか．

　【答】問13：3，問14：3，問15：4，問16：2，問17：1

1. $\frac{1}{2}$ 倍
2. $\frac{1}{4}$ 倍
3. 2 倍
4. 4 倍

—┤├— :直流電源　—▭— :抵抗

出題頻度：★☆☆☆☆　158, 235ページ参照

問 18　次の記述は，個別の部品を組み合わせた回路と比べたときの，集積回路(IC)の一般的特徴について述べたものである．誤っているのはどれか．

1. 複雑な電子回路が小型化できる．
2. IC内部の配線が短く，高周波特性の良い回路が得られる．
3. 個別の部品を組み合わせた回路に比べて信頼性が高い．
4. 大容量，かつ高速な信号処理回路が作れない．

出題頻度：★☆☆☆☆　161ページ参照

問 19　図に示す回路の端子ab間の合成抵抗の値として，正しいのは次のうちどれか．

1. 3〔kΩ〕
2. 6〔kΩ〕
3. 14〔kΩ〕
4. 20〔kΩ〕

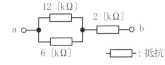

12〔kΩ〕　2〔kΩ〕　6〔kΩ〕　—▭— :抵抗

出題頻度：★☆☆☆☆　157, 235ページ参照

問 20　電界効果トランジスタ(FET)の電極と一般の接合形トランジスタの電極との組合せで，その働きが対応しているのは，次のうちどれか．

1. ソース　　コレクタ　　2. ゲート　　ベース
3. ドレイン　エミッタ　　4. ドレイン　ベース

出題頻度：★☆☆☆☆　162ページ参照

問 21 図に示す回路の端子ab間の合成静電容量は，幾らになるか．

1. 10〔μF〕
2. 12〔μF〕
3. 25〔μF〕
4. 50〔μF〕

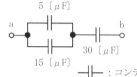

出題頻度：★☆☆☆☆　156, 234ページ参照

問 22 図に示す電界効果トランジスタ(FET)の図記号において，電極名の組合せとして，正しいのは次のうちどれか．

	①	②	③
1.	ゲート	ソース	ドレイン
2.	ソース	ドレイン	ゲート
3.	ドレイン	ゲート	ソース
4.	ゲート	ドレイン	ソース

出題頻度：★☆☆☆☆　162ページ参照

問23 図に示す回路の端子ab間の合成抵抗の値として，正しいのは次のうちどれか．

1. 3〔kΩ〕
2. 5〔kΩ〕
3. 8〔kΩ〕
4. 10〔kΩ〕

出題頻度：★☆☆☆☆　157, 235ページ参照

　【答】問20：2，問21：2，問22：4，問23：1

問24 次のダイオードのうち，マイクロ波の発振が可能なものはどれか．

1. ホトダイオード
2. ガンダイオード
3. ツェナーダイオード
4. 発光ダイオード

出題頻度：★☆☆☆☆　159ページ参照

問25 図に示す回路において，抵抗Rの値の大きさを2分の1倍（$\frac{1}{2}$倍）にすると，回路に流れる電流Iは，元の値の何倍になるか．

1. $\frac{1}{4}$倍
2. $\frac{1}{2}$倍
3. 2倍
4. 4倍

┤├:直流電源　　⬡:抵抗

出題頻度：★☆☆☆☆　158, 236ページ参照

問26 図に示す回路の端子ab間の合成静電容量は幾らになるか．

1. 10〔μF〕
2. 12〔μF〕
3. 15〔μF〕
4. 40〔μF〕

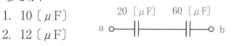

20〔μF〕　60〔μF〕

┤├:コンデンサ

出題頻度：★☆☆☆☆　156, 234ページ参照

問27 トランジスタの一般的な特徴で，正しいのはどれか．

1. 温度が変化しても特性が変わらない．
2. 大電力に適している．
3. 機械的に弱く，寿命が短い．
4. 電源を入れると，直ちに動作する．

出題頻度：★☆☆☆☆　**152ページ参照**

問 28　トランジスタの一般的な特徴で，誤っているのはどれか.

1. 小型，軽量である.
2. 機械的に丈夫で寿命が長い.
3. 熱に強く，温度が変化しても特性が変わらない.
4. 低電圧で動作し，電力消費が少ない.

出題頻度：★☆☆☆☆　**152ページ参照**

問 29　図のようなトランジスタに流れる電流の性質で，誤っているのはどれか.

1. I_CはI_Bによって大きく変化する.
2. I_BはV_{BE}によって大きく変化する.
3. I_EはI_CとI_Bの和である.
4. I_CはI_Bよりも小さい.

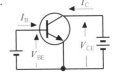

出題頻度：

★☆☆☆☆　**163ページ参照**

問 30　図は，NOR素子を用いたデジタル回路である. この回路の名称について，正しいものを下の番号から選べ.

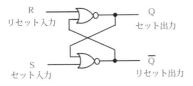

1. サンプルホールド回路　　2. フリップフロップ回路
3. マルチプレクサ回路　　　4. ワイヤード回路

出題頻度：★☆☆☆☆　**164ページ参照**

2. 電子回路

この分野では21問の中から1問出題

問1 周波数f_Cの搬送波を周波数f_Sの信号波で，AM変調（A3E）したときの占有周波数帯幅と下側波の周波数の組合せで，正しいのは次のうちどれか．

	占有周波数帯幅	下側波の周波数
1.	f_S	f_C+f_S
2.	f_S	f_C-f_S
3.	$2f_S$	f_C+f_S
4.	$2f_S$	f_C-f_S

出題頻度：★★★☆☆　172ページ参照

問2 図は，無線電話の振幅変調波の周波数成分の分布を示したものである．これに対応する電波の型式はどれか．ただし，点線部分は，電波が出ていないものとする．

1. A3E
2. H3E
3. J3E
4. R3E

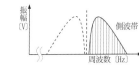

出題頻度：★★☆☆☆　172ページ参照

問3 周波数f_Cの搬送波を周波数f_Sの信号波で振幅変調（DSB）を行ったときの占有周波数帯幅は，次のうちどれか．

1. f_C+f_S　　　2. f_C-f_S
3. $2f_S$　　　4. $2f_C$

出題頻度：★★☆☆☆　172ページ参照

問4 図は，振幅が100〔V〕の搬送波を単一正弦波で振幅変調したときの変調波の波形である．変調度が50〔%〕のとき，振幅の最大値Aの値は幾らか．

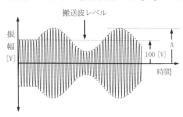

1. 100〔V〕
2. 120〔V〕
3. 150〔V〕
4. 200〔V〕

出題頻度：★★☆☆☆　171，237ページ参照

問5 次の記述の　　内に入れるべき字句の組合せで，正しいのはどれか．

　AM変調は，信号波に応じて搬送波の　A　を変化させる．FM変調は，信号波に応じて搬送波の　B　を変化させる．

	A	B		A	B
1.	周波数	振　幅	2.	振　幅	周波数
3.	周波数	周波数	4.	振　幅	振　幅

出題頻度：★★★☆☆　170ページ参照

問6 図は，振幅が一定の搬送波を単一正弦波で振幅変調したときの変調波の波形である．変調度は幾らか．

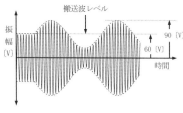

1. 20.0〔%〕
2. 33.3〔%〕
3. 50.0〔%〕

　【答】問3：3，問4：3，問5：2

4. 66.7〔%〕

出題頻度：★★☆☆☆　171, 237ページ参照

問7　AM（A3E）通信方式と比べたときのFM（F3E）通信方式の一般的な特徴で，誤っているのはどれか．

1. 振幅性の雑音に強い．

2. 占有周波数帯幅が狭い．

3. 装置の回路構成が多少複雑である．

4. 受信機出力の信号対雑音比が良い．

出題頻度：★★★☆☆　171ページ参照

問8　図は，搬送波をベースバンド信号でデジタル変調したときの概念図を示したものである．変調方式として，　　　内に入れるべき字句の組合せで，正しいのはどれか．

	A	B
1.	ASK	PSK
2.	FSK	ASK
3.	ASK	FSK
4.	PSK	FSK

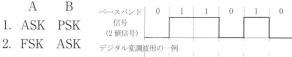

ベースバンド信号（2値信号）　0　1　1　0　1　0

デジタル変調波形の一例

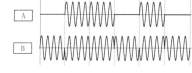

A

B

出題頻度：★☆☆☆☆　175ページ参照

問9　次の記述は，搬送波図に示すベースバンド信号でデジタル変調したときの変調波形について述べたものである．　　　内に入れるべき字句を下の番号から選べ．図に示す変調波形は，　　　の一例である．

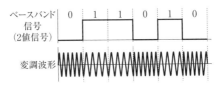

ベースバンド信号（2値信号） 0 1 1 0 1 0

変調波形

1. PSK　　2. FSK　　3. ASK　　4. PAM

出題頻度：★☆☆☆☆　175ページ参照

問10 図は，振幅が100〔V〕の搬送波を単一正弦波で振幅変調したときの変調波の波形である．変調度が60〔%〕のとき，振幅の最大値Aの値は幾らか．

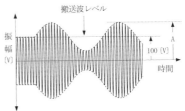

搬送波レベル
振幅〔V〕
時間
100〔V〕
A

1. 100〔V〕　　2. 120〔V〕　　3. 140〔V〕　　4. 160〔V〕

出題頻度：★☆☆☆☆　171，237ページ参照

問11 図は，周波数シンセサイザの構成例を示したものである．　　　内に入れるべき名称の組合せで，正しいのは次のうちどれか．

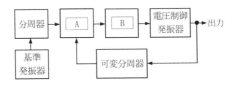

分周器 → A → B → 電圧制御発振器 → 出力
基準発振器
可変分周器

	A	B
1.	位相比較器	低域フィルタ(LPF)
2.	位相比較器	高域フィルタ(HPF)
3.	IDC	低域フィルタ(LPF)
4.	IDC	高域フィルタ(HPF)

出題頻度：★★★☆☆　169ページ参照

問12 次の記述は，デジタル変調について述べたものである．　　　内に入れるべき字句の組合せで，正しいのはどれか．

FSKは，ベースバンド信号に応じて搬送波の　A　を切り替える方式である．　また，4値FSKは，1回の変調で　B　ビットの情報を伝送できる．

	A	B			A	B
1.	周波数	3		2.	振　幅	3
3.	周波数	2		4.	振　幅	2

出題頻度：★☆☆☆☆　174ページ参照

問13 次の記述は，デジタル変調について述べたものである．　　　に入れるべき字句の組合わせで，正しいのはどれか．

PSKは，ベースバンド信号に応じて搬送波の　A　を切り替える方式である．
また，QPSKは1回の変調で　B　ビットの情報を伝送できる．

	A	B			A	B
1.	位　相	3		2.	位　相	2
3.	振　幅	3		4.	振　幅	2

出題頻度：★☆☆☆☆　174ページ参照

問14　次の記述は，デジタル変調について述べたものである．□□□内に入れるべき字句の組合せで，正しいのはどれか．

QAM(直交振幅変調)は，ベースバンド信号に応じて搬送波の　A　と位相を変化させる方式である．また，16QAMは，1回の変調で　B　ビットの情報を伝送できる．

	A	B		A	B
1.	振幅	2	2.	周波数	2
3.	振幅	4	4.	周波数	4

出題頻度：★☆☆☆☆　175ページ参照

問15　次の記述の□□□内に入れるべき字句の組合せで，正しいのはどれか．

AM変調は，信号波の　A　の変化に応じて搬送波の　B　を変化させる．

	A	B		A	B
1.	振幅	周波数	2.	振幅	振幅
3.	周波数	周波数	4.	周波数	振幅

出題頻度：★☆☆☆☆　170ページ参照

問16　次の記述の□□□内に入れるべき字句の組合せで，正しいのはどれか．

FM変調は，信号の　A　の変化に応じて搬送波の　B　を変化させる．

	A	B		A	B
1.	振幅	周波数	3.	周波数	周波数
2.	振幅	振幅	4.	周波数	振幅

出題頻度：★☆☆☆☆　171ページ参照

問17　図は，無線電話の変調波の周波数成分を示すもので
ある．これらに対応する電波の型式の組合せで，正しい
ものはどれか．

	A	B
1.	H3E	A3E
2.	R3E	J3E
3.	R3E	A3E
4.	H3E	J3E

出題頻度：★☆☆☆☆　172ページ参照

問18　図は，無線電話の変調波の周波数成分を示すもので
ある．これらに
対応する電波の
型式の組合せで，
正しいものはど
れか．

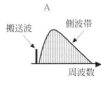

	A	B			A	B
1.	H3E	A3E		2.	R3E	J3E
3.	R3E	A3E		4.	H3E	R3E

出題頻度：★☆☆☆☆　172ページ参照

問19　DSB（A3E）方式と比べたときのSSB（J3E）方式の特
徴で，誤っているのは次のうちどれか．

1. 受信帯域幅が $\frac{1}{2}$ になるので，雑音が減少する．
2. 送信出力は，信号入力が無いときにも送出される．
3. 選択性フェージングの影響を受けることが少ない．
4. 占有周波数帯幅が狭い．

【答】問16：1，問17：4，問18：2

出題頻度：★☆☆☆☆　172ページ参照

問20　C級増幅をA級増幅と比べたときの特徴の組合せで正しいのはどれか.

	ひずみ	効率		ひずみ	効率
1.	多い	悪い	2.	多い	良い
3.	少ない	悪い	4.	少ない	良い

出題頻度：★☆☆☆☆　167ページ参照

問21　次の記述は，アナログ通信方式と比べたときのデジタル通信方式の一般的な特徴について述べたものである. 誤っているものを下の番号から選べ.

1. 雑音の影響を受けにくい.

2. ネットワークやコンピュータとの親和性が良い.

3. 受信側で誤り訂正を行なうことができる.

4. 信号処理による遅延がない.

出題頻度：★☆☆☆☆　174ページ参照

3. 送信機

この分野では10問の中から1問出題

問1　間接FM方式のFM(F3E)送信機において，周波数偏移を大きくする方法として，適切なのは次のうちどれか．

1. 周波数逓倍器の逓倍数を大きくする．
2. 緩衝増幅器の増幅度を小さくする．
3. 送信機の出力を大きくする．
4. 変調器と次段との結合を疎にする．

出題頻度：★☆☆☆☆　184ページ参照

問2　間接FM方式のFM(F3E)送信機において，大きな音声信号が加わっても一定の周波数偏移内に収めるためには，次のうちどれを用いればよいか．

1. AGC回路
2. IDC回路
3. 緩衝増幅器
4. 音声増幅器

出題頻度：★☆☆☆☆　185ページ参照

問3　次の記述は，FM(F3E)送信機を構成しているある回路について述べたものである．正しいのはどれか．

　この回路は，過大な変調入力(音声信号)があっても，周波数偏移を一定に抑えるため，周波数変調器の入力側に設けられる．

1. AGC回路

2. IDC回路

3. スケルチ回路

4. 周波数弁別器

出題頻度：★★★☆☆　185ページ参照

問4　図は，直接FM(F3E)送信装置の構成例を示したものである．□□□内に入れるべき名称の組合せで，正しいのは次のうちどれか．

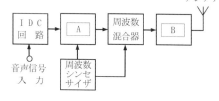

	A	B
1.	平衡変調器	電力増幅器
2.	平衡変調器	低周波増幅器
3.	周波数変調器	電力増幅器
4.	周波数変調器	低周波増幅器

出題頻度：★☆☆☆☆　184ページ参照

問5　送信機の緩衝増幅器は，どのような目的で設けられているか．

1. 所要の送信機出力まで増幅する．

2. 後段の影響により発振器の発振周波数が変動するのを防ぐため．

3. 終段増幅器の入力として十分な励振電圧を得るため．

4. 発振周波数の整数倍の周波数を取り出すため．

出題頻度：★☆☆☆☆　181ページ参照

問6 図は，間接FM方式のFM(F3E)送信装置の構成例を示したものである． □ 内に入れるべき名称の組合せで，正しいのは次のうちどれか．

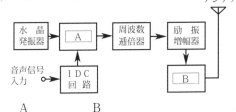

```
           A         B
1. 位相変調器   電力増幅器
2. 位相変調器   低周波増幅器
3. 平衡変調器   電力増幅器
4. 平衡変調器   低周波増幅器
```

出題頻度：★☆☆☆☆　185ページ参照

問7 FM(F3E)送信機において，IDC回路を儲ける目的は何か．

1. 周波数偏移を制限する．
2. 寄生振動の発生を防止する．
3. 高周波の発生を除去する．
4. 発振周波数を安定にする．

出題頻度：★☆☆☆☆　185ページ参照

問8 F3E送信機において，変調波を得るには，図の空欄部分に何を設ければよいか．

1. 緩衝増幅器
2. 平衡変調器
3. 位相変調器

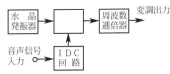

4. 周波数逓倍器

出題頻度：★☆☆☆☆　185ページ参照

問9 FM(F3E)送信機において，大きな音声信号が加わっても一定の周波数偏移内に収めるためには，図の空欄部分に何を設ければよいか.

1. AGC回路
2. 音声増幅器
3. IDC回路
4. 緩衝増幅器

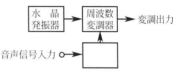

出題頻度：★☆☆☆☆　185ページ参照

問10 FM(F3E)送信機において，間接FM波を得るには，図の空欄部分A，Bにはどのような回路を設ければよいか.

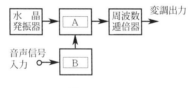

	A	B
1.	平衡変調器	緩衝増幅器
2.	IDC回路	位相変調器
3.	位相変調器	IDC回路
4.	緩衝増幅器	平衡変調器

出題頻度：★☆☆☆☆　185ページ参照

4. 受信機

この分野では16問の中から1問出題

問1 次の記述の◯◯内に入れるべき字句の組合せで,正しいのはどれか.

FM(F3E) 受信機において, 相手局からの送話が A ◯ とき, 受信機から雑音が出たら B ◯ 調整つまみを回して, 雑音が消える限界点の位置に調整する.

	A	B		A	B
1.	有る	音量	2.	無い	音量
3.	有る	スケルチ	4.	無い	スケルチ

出題頻度:★☆☆☆☆ 194ページ参照

問2 次の記述は, スーパヘテロダイン受信機のAGC の働きについて述べたものである. 正しいのはどれか.

1. 選択度を良くし, 近接周波数の混信を除去する.
2. 受信電波の強さが変動しても, 受信出力をほぼ一定にする.
3. 受信電波が無くなったときに生ずる大きな雑音を消す.
4. 受信電波の周波数の変化を振幅の変化に変換し, 信号を取り出す.

出題頻度:★☆☆☆☆ 190ページ参照

問3 FM(F3E)受信機において, 受信電波の無いときに, スピーカから出る大きな雑音を消すために用いる回路は

【答】問1:4, 問2:2

どれか.

1. AGC 回路
2. スケルチ回路
3. 振幅制限回路
4. 周波数弁別回路

出題頻度：★☆☆☆☆　194ページ参照

問4 図は，FM(F3E)受信機の構成の一部を示したものである．空欄の部分の名称の組合せで，正しいのは次のちどれか.

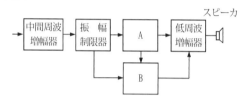

　　　　　A　　　　　　　　B
1. 直線検波器　　スケルチ回路
2. 直線検波器　　AGC 回路
3. 周波数弁別器　スケルチ回路
4. 周波数弁別器　AGC 回路

出題頻度：★☆☆☆☆　193ページ参照

問5 図は，FM(F3E)受信機の構成の一部を示したものである．空欄の部分の名称の組合せで正しいのはどれか.

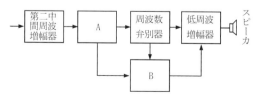

	A	B
1.	振幅制限器	スケルチ回路
2.	振幅制限器	AGC回路
3.	周波数変換器	スケルチ回路
4.	周波数変換器	AGC回路

出題頻度：★☆☆☆☆　193ページ参照

問6 次の記述の ____ 内に入れるべき字句の組合せで，正しいのはどれか．

無線電話装置において，受信電波から音声信号を取り出すことを A という．FM(F3E)電波の場合，この役目をするのは B である．

	A	B		A	B
1.	変調	周波数弁別器	2.	復調	2乗検波器
3.	復調	周波数弁別器	4.	変調	2乗検波器

出題頻度：★☆☆☆☆　193ページ参照

問7 SSB(J3E)受信機において，SSB(J3E)波から音声信号を得るためには，図の空欄の部分に何を設ければよいか．

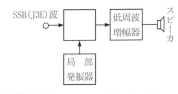

1.	中間周波増幅器	2.	クラリファイヤ
3.	帯域フィルタ(BPF)	4.	検波器

出題頻度：★☆☆☆☆　191ページ参照

問8 次の記述は，受信機の性能のうち何について述べたものか．

多数の異なる周波数の電波の中から混信を受けないで，目的とする電波を選び出すことができる能力を表す．

1. 感　度　　　2. 忠実度
3. 選択度　　　4. 安定度

出題頻度：★☆☆☆☆　187ページ参照

問9 スーパヘテロダイン受信機の検波器の働きで，正しいのは次のうちどれか．

1. 受信入力信号を中間周波数に変える．
2. 音声周波数の信号を十分な電力まで増幅する．
3. 受信入力信号から直接音声周波数の信号を取り出す．
4. 中間周波出力信号から音声周波数の信号を取り出す．

出題頻度：★☆☆☆☆　189ページ参照

問10 次の記述は，受信機の性能のうち何について述べたものか．

周波数および強さが一定の電波を受信しているとき，受信機の再調整を行わず，長時間にわたって一定の出力を得ることができる能力を表す．

1. 忠実度　　　2. 安定度
3. 選択度　　　4. 感度

出題頻度：★☆☆☆☆　187ページ参照

問11 スーパーヘテロダイン受信機の周波数変換部の働きは，次のうちどれか．

1. 受信周波数を音声周波数に変える．
2. 受信周波数を中間周波数に変える．

3. 中間周波数を音声周波数に変える

4. 音声周波数を中間周波数に変える.

出題頻度：★☆☆☆☆　188ページ参照

問12 次の記述の □ 内に入れるべき字句の組合せで,正しいのはどれか.

SSB(J3E)受信機において, 受信音がひずむときは, A のつまみをわずか左右に回し, もっとも B の良い状態にする. なお, 調整しにくい場合は, 相手局からトーン信号を送出してもらい, 自局の C を「受信」として, 両者のビートを取り調整する.

	A	B	C
1.	クラリファイヤ	明りょう度	トーンスイッチ
2.	クラリファイヤ	感 度	AGCスイッチ
3.	感度調整	感 度	トーンスイッチ
4.	感度調整	明りょう度	AGCスイッチ

出題頻度：★☆☆☆☆　192ページ参照

問13 SSB受信機において, クラリファイヤを調整するのは, どのようなときか.

1. 受信中, 雑音が多くて聞きにくいとき.

2. 受信中, 音声が小さくて聞きにくいとき

3. 受信中, 音声が強くて聞きにくいとき

4. 受信周波数がずれ, 音声がひずんで聞きにくいとき

出題頻度：★☆☆☆☆　192ページ参照

問14 次の記述は, FM(F3E)受信機を構成しているある回路について述べたものである. 正しいのはどれか.

FM波は, 伝搬途中で雑音, フェージング, 妨害波など

の影響を受け振幅が変動するため，この回路で振幅変動成分を除去し，復調時の信号対雑音比を改善する．

1. 帯域フィルタ（BPF）　　　2. スケルチ回路
3. 振幅制限器　　　　　　　　4. 周波数弁別器

出題頻度：★☆☆☆☆　193ページ参照

問15　次の文の　　　　内に入れるべき字句の組合せで，正しいのはどれか．

スケルチの調整つまみは，　A　状態のときスピーカから出る　B　を制御するためのつまみで，右に回すと抑制効果が　C　する．

	A	B	C
1.	送 信	雑 音	減 少
2.	受 信	雑 音	増 大
3.	送 信	音 声	減 少
4.	受 信	音 声	増 大

出題頻度：★☆☆☆☆　194ページ参照

問16　無線受信機において，通常，受信に障害を与える雑音の原因にならないのは，次のうちどれか．

1. 発電機のブラシの火花
2. 電源用電池の電圧低下
3. 給電線のコネクタのゆるみ
4. 接地点の接触不良

出題頻度：★☆☆☆☆　201ページ参照

　【答】問14：3，問15：2，問16：2

5. 送受信方式・装置

この分野では28問の中から2問出題

問1 次の記述は，衛星通信におけるVSAT システムについて述べたものである．誤っているのはどれか．

1. 宇宙局とVSAT 地球局間の使用電波は，14〔GHz〕帯と12〔GHz〕帯等のSHF 帯の周波数が用いられている．
2. VSAT 地球局の送信周波数は，VSAT 制御地球局で制御される．
3. このシステムは，VSAT 地球局相互間でパケット交換伝送のみを取扱う．
4. VSAT 制御地球局の送受信装置には，高電力増幅器と低雑音増幅器が使用されている．

出題頻度：★☆☆☆☆　196ページ参照

問2 FM(F3E)送受信装置の送受信操作で，誤っているのは次のうちどれか．

1. 他局が通話中のとき，プレストークボタンを押し送信割り込みをしてはならない．
2. 制御器を使用する場合，切換えスイッチは，「遠操」にしておく．
3. スケルチ調整つまみは，雑音を消すためのもので，いっぱいに回しておく．
4. 音量調整つまみは，最も聞き易い音量に調節する．

出題頻度：★☆☆☆☆　198ページ参照

問3　次の記述は，静止衛星通信について述べたものである．誤っているのはどれか．

1. 使用周波数が高くなるほど，降雨による影響が少なくなる．
2. 衛星の太陽電池の機能が停止する食は，春分及び秋分の時期に発生する．
3. 衛星を見通せる2点間の通信は，常時行うことができる．
4. 多元接続が容易なので，柔軟な回線設定ができる．

出題頻度：★☆☆☆☆　199ページ参照

問4　PCM方式の送信装置に用いられない回路は，次のうちどれか．

A
1. 標本化回路
2. 量子化回路
3. 符号器(符号化回路)
4. 復号器(復号化回路)

B
1. 復号器(復号化回路)
2. フレーム同期回路
3. 標本化回路
4. ビット同期回路

出題頻度：★☆☆☆☆　200ページ参照

問5　次の記述は，静止衛星通信について述べたものである．正しいのはどれか．

1. 現在の通信衛星は，ほとんどが円形極軌道衛星である．
2. 衛星の太陽電池の機能が停止する食は，夏至及び冬至の時期に発生する．
3. 多元接続が困難なので，柔軟な回線設定ができない．
4. 使用周波数が高くなるほど，降雨による影響が大きくなる．

出題頻度：★☆☆☆☆　199ページ参照

問6 次の記述は，静止衛星通信におけるVSATシステムについて述べたものである．正しいのはどれか．

1. このシステムは，VSAT地球局相互間で音声，データ，映像などの通信を行う．
2. 使用される衛星はインマルサット衛星である．
3. VSAT地球局は小形軽量の装置で，車両で走行中の通信に使用される．
4. 使用される周波数帯は1.5〔GHz〕帯と1.6〔GHz〕帯である．

出題頻度：★☆☆☆☆　196ページ参照

問7 次の記述は，下記のどの多元接続方式について述べたものか．

個々のユーザに使用チャネルとして周波数を個別に割り当てる方式であり，チャネルとチャネルの間にガードバンドを設けている．

1. TDMA　　　2. FDMA
3. CDMA　　　4. OFDMA

出題頻度：★☆☆☆☆　202ページ参照

問8 静止衛星通信についての次の記述のうち，誤っているのはどれか．

1. 衛星の軌道は，赤道上空の円軌道である．
2. 使用周波数が高くなるほど，降雨による影響が大きくなる．
3. 衛星の太陽電池の機能が停止する食は，夏至及び冬至の時期に発生する．
4. 衛星を見通せる2点間の通信は，常時行うことができる．

出題頻度：★☆☆☆☆　199ページ参照

問 9 次の記述は，静止衛星通信について述べたものである．正しいのはどれか．

1. 現在の静止衛星通信に用いられる衛星は，ほとんどが円形極軌道衛星である．
2. 衛星の太陽電池の機能が停止する食は，春分及び秋分の時期に発生する．
3. 多元接続が困難なので，柔軟な回線設定ができない．
4. 使用周波数が高くなるほど，降雨による影響が少なくなる．

出題頻度：★☆☆☆☆　199ページ参照

問 10 FM（F3E）送受信装置において，プレストークボタンを押したのに電波が発射されなかった．この場合，点検しなくてよいのは次のうちどれか．

1. 送話器のコネクタ　　　　2. 周波数の切換スイッチ
3. アンテナの接続端子　　　4. スケルチ調整つまみ

出題頻度：★☆☆☆☆　198ページ参照

問 11 次の記述は，静止通信衛星について述べたものである．正しいのはどれか．

1. 衛星の太陽電池の機能が停止する食は，夏至及び冬至の時期に発生する．
2. 使用周波数が低くなるほど，降雨による影響が大きくなる．
3. 静止通信衛星では極軌道衛星が用いられている．
4. 地上での自然災害の影響を受けにくい．

出題頻度：★☆☆☆☆　199ページ参照

問 12 次の記述は，衛星通信におけるVSATシステムについて述べたものである．誤っているのはどれか．

1. 宇宙局とVSAT地球局間の使用電波は，14〔GHz〕帯と12〔GHz〕帯等のSHF帯の周波数が用いられている．
2. VSAT地球局の送信周波数は，VSAT 制御地球局で制御される．
3. このシステムは，VSAT 地球局相互間で音声通信のみを行う．
4. VSAT制御地球局の送受信装置には，大電力増幅器と低雑音増幅器が使用されている．

出題頻度：★☆☆☆☆　196ページ参照

問 13 単信方式のFM(F3E)送受信装置において，プレストークボタンを押すとどのような状態になるか．

1. アンテナが受信機に接続され，送信状態となる．
2. アンテナが受信機に接続され，受信状態となる．
3. アンテナが送信機に接続され，受信状態となる．
4. アンテナが送信機に接続され，送信状態となる．

出題頻度：★☆☆☆☆　198ページ参照

問 14 次の記述は，下記のどの多元接続方式について述べたものか．

下の概念図に示すように，個々のユーザに使用するチャネルとして極めて短い時間を個別に割り当てる方式であり，チャネルとチャネルの間にガードタイムを設けている．

1. FDMA　　2. TDMA
3. CDMA　　4. OFDMA

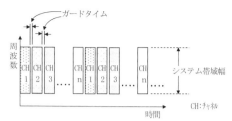

ガードタイム

周波数

CH 1 | CH 2 | CH 3 …… CH n | CH 1 | CH 2 | CH 3 …… CH n ……

システム帯域幅

時間

CH:チャネル

出題頻度：★☆☆☆☆　**202ページ参照**

問 15　次の記述の　　　　内に入れるべき字句として正しいのはどれか.

　PCM送信装置において，一定の時間間隔で入力のアナログ信号の振幅を取り出すことを　　　　という.

1. 復号化　　　　2. 符号化
3. 量子化　　　　4. 標本化

出題頻度：★☆☆☆☆　**201ページ参照**

問 16　図は，パルス符号変調(PCM)方式を用いた伝送系の原理的な構成図である.　　　内に入れるべき字句を下の番号から選べ.

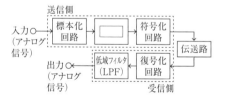

1. 高域フィルタ(HPF)　　　　2. 識別回路
3. 量子化回路　　　　4. AFC回路

出題頻度：★☆☆☆☆　**201ページ参照**

　【答】問14：2，問15：4，問16：3

問 17　次の記述は，静止衛星通信におけるVSATシステムについて述べたものである．正しいのはどれか．

1. 使用される衛星はインマルサット衛星である．
2. 使用される周波数帯は 1.5〔GHz〕帯と1.6〔GHz〕帯である．
3. VSAT地球局の送信周波数は，VSAT 制御地球局で制御される．
4. VSAT地球局は小形軽量の装置で，車両で走行中の通信に使用される．

出題頻度：★☆☆☆☆　196ページ参照

問 18　無線送受信機の制御器は，どのようなときに使用されるか．

1. 送受信機周辺の電気的雑音による障害を避けるため．
2. 送受信機を離れたところから操作するため．
3. 送信と受信の切換えを容易に行うため
4. 電源電圧の変動を避けるため

出題頻度：★☆☆☆☆　199ページ参照

問 19　FM(F3E)送受信機において，受信操作に不要なものは，次のうちどれか．

1. 電源スイッチ　　　　2. 音量調整つまみ
3. プレストークボタン　　4. スケルチ調整つまみ

出題頻度：★☆☆☆☆　198ページ参照

問 20　次の記述は，静止通信衛星について述べたものである．正しいのはどれか．

1. 使用周波数が高くなるほど，降雨による影響が大きくなる．
2. 静止通信衛星では，極軌道衛星が用いられている

【答】問17：3，問18：2，問19：3

3. 衛星の太陽電池が停止する食は，夏至および冬至の時期に発生する．
4. 多元接続が困難なので，柔軟な回線設定ができない．

出題頻度：★☆☆☆☆　199ページ参照

問 21　次の記述は，衛星通信について述べたものである．誤っているのはどれか．

1. 地球局から衛星局への回線を，ダウンリンクという．
2. 衛星局の太陽電池の機能が停止する食は，春分および秋分の時期に発生する．
3. 使用周波数が高くなるほど，降雨による影響が大きくなる．
4. 衛星を見通せる2点間の通信は，常時行うことができる．

出題頻度：★☆☆☆☆　199ページ参照

問 22　衛星通信における地球局設備についての記述のうち，誤っているものはどれか．

1. アンテナには，指向性の鋭いアンテナを使用する．
2. 通信衛星は楕円軌道のため，アンテナに追尾機構が必要である．
3. 受信機の初段には，低雑音増幅器を使用する．
4. 送信機には高出力増幅器が望ましいが，実効放射電力は規定値内にしなければならない．

出題頻度：★☆☆☆☆　199ページ参照

問 23　衛星通信におけるVSATシステムに関する次の記述のうち，誤っているのはどれか．

1. このシステムは，VSAT地球局相互間で音声，データ，映像などの通信を行う．
2. 地球局の送信周波数は，VSAT制御地球局で制御される．

3. 使用される周波数は1.5/1.6〔GHz〕帯である.

4. VSAT地球局は,小形軽量の装置で車両などで移動できるが,通信は停止中に行う.

出題頻度:★☆☆☆☆　196ページ参照

問24　衛星通信におけるVSATシステムに関する次の記述のうち,誤っているのはどれか.

1. VSAT地球局は,小形軽量の装置で車両で走行中の通信に使用される.

2. 地球局の送信周波数は,VSAT制御地球局で制御される.

3. 宇宙局とVSAT地球局間の使用電波は,14/12〔GHz〕帯の周波数が用いられている.

4. このシステムは,VSAT地球局相互間で音声,データ,映像などの通信を行う.

出題頻度:★☆☆☆☆　196ページ参照

問25　衛星通信について次の記述のうち,正しいのはどれか.

1. 地球局から衛星への通信回線をアップリンクという.

2. 現在の通信衛星は,ほとんどが円形極軌道衛星である.

3. 衛星局の太陽電池の機能が停止する食は,夏至および冬至期に発生する.

4. 使用周波数が高くなるほど降雨による影響が少なくなる.

出題頻度:★☆☆☆☆　199ページ参照

問26　次の記述は,一般的なデジタル無線通信装置で行われる誤り訂正符号化について述べたものである.

　　　内に入れるべき字句を下の番号から選べ.

デジタル信号の伝送において,符号の伝送誤りを少なくするために,受信側で符号の　　　と誤りに訂正が行え

るように，送信側においてデジタル信号に適切な冗長ビットを付加すること．

1. 誤り検出
2. スクランブル
3. 拡散
4. インターリーブ

出題頻度：★☆☆☆☆　200ページ参照

問27 次の記述は，多元接続方式について述べたものである．　　　内に入れるべき字句を下の番号から選べ．
TDMAは，一つの周波数を共有し，個々のユーザーに使用チャネルとして　　　を個別に割り当てる方式であり，チャネルとチャネルの間にガードタイムを設けている．

1. きわめて短い時間(タイムスロット)
2. 周波数
3. 拡散符号
4. 変調方式

出題頻度：★☆☆☆☆　202ページ参照

問28 次の記述は，デジタル無線通信で発生するバースト誤りの対策の一例について述べたものである．　　　内に入れるべき字句の正しい組合せを次の番号から選べ．
バースト誤りの対策として，送信する符号の順序を入れ替える　A　を行ない，受信側で受信符号を並び替えて　B　ことにより誤りの影響を軽減する方法がある．

	A	B
1.	インターリーブ	逆拡散する
2.	インターリーブ	元の順序に戻す
3.	A/D変換	元の順序に戻す
4.	A/D変換	逆拡散する

出題頻度：★☆☆☆☆　201ページ参照

　【答】問26：1，問27：1，問28：2

工学基礎
電子回路
送信機
受信機
電源空中線
レーダー
電中線・給電線
電波伝搬
電源
無線測定

6. レーダー

この分野では15問の中から1問出題

問1 パルスレーダーの最小探知距離を小さくするための方法で，正しいのは次のうちどれか．

1. アンテナの高さを高くする．
2. アンテナの垂直面内指向性を鋭くする．
3. パルス幅を狭くする．
4. パルス繰返し周波数を低くする．

出題頻度：★☆☆☆☆ 207ページ参照

問2 パルスレーダーにおいて，最小探知距離の機能を向上させるためには，次に挙げた方法のうち，適切なものはどれか．

1. アンテナの水平面内のビーム幅を広くする．
2. アンテナの垂直面内のビーム幅を狭くする．
3. アンテナの高さを高くする．
4. パルス幅を狭くする．

出題頻度：★☆☆☆☆ 207ページ参照

問3 通常，レーダーで持続波を発射し，ドプラ効果を利用するのはどれか．

1. 船舶用
2. 港湾用
3. 速度測定用
4. 航空路監視用

出題頻度：★☆☆☆☆　209ページ参照

問4 パルスレーダーの最小探知距離に最も影響を与える要素は，次のうちどれか．

1. 送信周波数
2. パルスの繰返し周波数
3. パルスの幅
4. 送信電力

出題頻度：★☆☆☆☆　207ページ参照

問5 レーダーで物標までの距離を測定するとき，測定誤差を最も少なくするための操作として，適切なのは次のうちどれか．

1. 可変距離目盛を用い，距離レンジを最大に切り替えて読み取る．
2. 固定距離目盛を用い，その目盛と目盛の間を目分量で読み取る．
3. 物標映像の中心点に，可変距離目盛を正しく重ねて読み取る．
4. 物標映像のスコープ中心側の外郭に，可変距離目盛の外端を接触させて読み取る．

出題頻度：★☆☆☆☆　208ページ参照

問6 レーダー装置によって，地上を走行する移動体の速度を測定するには，通常，次のうちどのレーダーが用いられるか．

1. 短波レーダー
2. 3次元レーダー
3. ドプラレーダー

4. 2次元レーダー

出題頻度：★☆☆☆☆　210ページ参照

|問7| レーダーにマイクロ波(SHF)が用いられる理由で，誤っているのは次のうちどれか．

1. 波長が短いので，小さな物標からでも反射がある．
2. アンテナを小形にでき，尖鋭なビームを得ることが容易である．
3. 豪雨，豪雪でも小さな物標を見分けられる．
4. 空電の妨害を受けることが少ない．

出題頻度：★☆☆☆☆　204ページ参照

|問8| レーダー受信機において，最も影響の大きい雑音は次のうちどれか．

1. 空電による雑音
2. 電気器具による雑音
3. 電動機による雑音
4. 受信機の内部雑音

出題頻度：★☆☆☆☆　205ページ参照

|問9| レーダーから等距離にあって，近接した物標を区別できる限界の能力を表すものはどれか．

1. 最小探知距離
2. 最大探知距離
3. 距離分解能
4. 方位分解能

出題頻度：★☆☆☆☆　208ページ参照

|問10| パルスレーダーの最大探知距離を大きくするための方法で，誤っているのは次のうちどれか．

【答】問6：3，問7：3，問8：4，問9：4

1. 送信電力を大きくする.
2. 受信機の感度を良くする.
3. アンテナの高さを高くする.
4. パルス幅を狭くし，パルス繰返し周波数を高くする.

出題頻度：★☆☆☆☆　207ページ参照

問 11　パルスレーダーの送受信用発振管として，一般に用いられている電子管は，次のうちどれか.

1. クライストロン
2. マグネトロン
3. 進行波管(TWT)
4. ブラウン管(CRT)

出題頻度：★☆☆☆☆　206ページ参照

問 12　図はレーダーのパルス波形を示したものである．パルス幅を示すものは，
次のうちどれか.

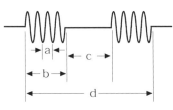

1. a
2. b
3. c
4. d

出題頻度：★☆☆☆☆　209ページ参照

問 13　レーダー装置の最大探知距離を大きくする条件として，次に挙げたもののうち，比較的効率の悪いものはどれか.

1. アンテナの利得を大きくし，その設置位置を高くする.
2. パルス幅を広くし，パルス繰返し周波数を低くする.
3. 受信機の内部雑音を小さくし，受信感度の向上を図る.

4. 探知距離は送信電力の4乗根に比例するので，送信電力を大きくする．

出題頻度：★☆☆☆☆　207ページ参照

問14 レーダー装置において，パルス幅を小から大に切り替えると，通常良くなる特性は，次のうちどれか．

1. 距離分解能
2. 方位分解能
3. 最大探知距離
4. 最小探知距離

出題頻度：★☆☆☆☆　207ページ参照

問15 図に示す，レーダーの表示画面に表示されたスイープが回転しない場合，考えられる故障原因は次のうちどれか

1. 掃引発振器の不良．
2. 掃引増幅器の故障
3. 偏向コイルの断線
4. アンテナの駆動電動機の故障

出題頻度：★☆☆☆☆　209ページ参照

【答】問13：4，問14：3，問15：4

7. 空中線・給電線

この分野では15問の中から1問出題

問1 次の記述の　　内に入れるべき字句の組合せで，正しいのはどれか．

図のアンテナは，　A　アンテナと呼ばれる．電波の波長を λ で表したとき，アンテナ素子の長さは $\frac{\lambda}{4}$ であり，水平面内の指向性は　B　である．

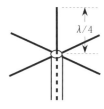

	A	B
1.	ブラウン	全方向性（無指向性）
2.	ブラウン	8字形特性
3.	ダイポール	全方向性（無指向性）
4.	ダイポール	8字形特性

出題頻度：★☆☆☆☆　213ページ参照

問2 次の記述の　　内に入れるべき字句の組合せで，正しいのはどれか．

ブラウンアンテナやホイップアンテナは，一般に　A　偏波で使用し，このときの　B　面内の指向性は，ほぼ全方向性（無指向性）である．

	A	B
1.	垂直	垂直
2.	水平	垂直

3. 垂直　　水平

4. 水平　　水平

出題頻度：★☆☆☆☆　213ページ参照

問3 マイクロ波(SHF)帯を使用する送受信設備において，主に使用されるアンテナは，次のうちどれか.

1. スリーブアンテナ

2. パラボラアンテナ

3. ブラウンアンテナ

4. ホイップアンテナ

出題頻度：★☆☆☆☆　216ページ参照

問4 図に示すアンテナの名称と ℓ の長さの組合せで，正しいのは次のうちどれか.

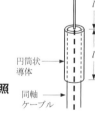

名称　　　　　　 ℓ の長さ

1. スリーブアンテナ　$\frac{1}{4}$ 波長

2. スリーブアンテナ　$\frac{1}{2}$ 波長

3. ホイップアンテナ　$\frac{1}{4}$ 波長

4. ホイップアンテナ　$\frac{1}{2}$ 波長

円筒状導体

同軸ケーブル

出題頻度：★☆☆☆☆　213ページ参照

問5 次の記述の ☐ 内に入れるべき字句の組合せで，正しいのはどれか.

　スリーブアンテナは，一般に ☐ A ☐ 偏波で使用し，このときの ☐ B ☐ 面内の指向性は，全方向性(無指向性)である.

　　　A　　　　B

1.　水平　　　水平

【答】問2：3，問3：2，問4：1

2. 水平　　垂直
3. 垂直　　水平
4. 垂直　　垂直

出題頻度：★☆☆☆☆　213ページ参照

問6　図は，各種のアンテナの水平面内の指向性を示した
ものである．ブラウンアンテナの特性は，次のうちどれ
か．なお点Pはアンテナの位置を示す．

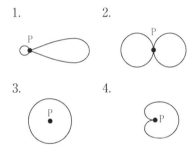

1.　　　　　　　　2.

3.　　　　　　　　4.

出題頻度：★☆☆☆☆　212ページ参照

問7　超短波(VHF)帯に用いられるアンテナで，通常，
水平面内の指向性が全方向性(無指向性)でないアンテナ
はどれか．

1. ホイップアンテナ
2. ブラウンアンテナ
3. 八木・宇田アンテナ(八木アンテナ)
4. 垂直半波長ダイポールアンテナ

出題頻度：★☆☆☆☆　214ページ参照

問8　150〔MHz〕用ブラウンアンテナの放射器の長さは，
ほぼ幾らか

1. 2.5〔m〕
2. 1.2〔m〕
3. 0.5〔m〕
4. 0.3〔m〕

出題頻度：★☆☆☆☆ 213, 238ページ参照

[問9] 超短波(VHF)帯に用いられるアンテナで，通常，水平面内の指向性が全方向性(無指向性)のアンテナは，次のうちどれか．

1. ブラウンアンテナ
2. コーナレフレクタアンテナ
3. 八木・宇田アンテナ(八木アンテナ)
4. 水平半波長ダイポールアンテナ

出題頻度：★☆☆☆☆ 212ページ参照

[問10] 次の記述は，$\frac{1}{4}$波長垂直接地アンテナについて述べたものである．誤っているのはどれか．

1. 電流分布は先端で最大，底部で零となる．
2. 指向性は，水平面内では全方向性(無指向性)である．
3. 固有周波数の奇数倍の周波数にも同調する．
4. 接地抵抗が小さいほど効率がよい．

出題頻度：★☆☆☆☆ 212ページ参照

[問11] 次の記述は，図に示す八木・宇田アンテナ(八木アンテナ)について述べたものである．□□内に入れるべき字句の組合せで，

反射器
放射器
導波器
←同軸給電線

【答】問8：3，問9：1，問10：1

正しいのはどれか.

全アンテナ素子を水平にしたときの水平面内の指向性は $\boxed{\text{A}}$ である. 導波器の素子数を増やせば利得は大きくなり, ビーム幅は $\boxed{\text{B}}$ なる.

	A	B
1.	単一指向性	狭く
2.	単一指向性	広く
3.	全方向性	広く
4.	全方向性	狭く

出題頻度：★☆☆☆☆　214ページ参照

問 12　次の記述の $\boxed{}$ 内に入れるべき字句の組合せで, 正しいのはどれか.

移動用などに多く用いられる $\boxed{\text{A}}$ アンテナは, 電気的に接地型アンテナと等価な動作をし, 放射素子の長さは $\boxed{\text{B}}$ である.

	A	B
1.	ダイポール	$\frac{1}{4}$ 波長
2.	ダイポール	$\frac{1}{2}$ 波長
3.	ブラウン	$\frac{1}{4}$ 波長
4.	ブラウン	$\frac{1}{2}$ 波長

出題頻度：★☆☆☆☆　213ページ参照

問 13　次の記述の $\boxed{}$ 内に入れるべき字句の組合せで, 正しいのはどれか.

移動用などに多く用いられる $\boxed{\text{A}}$ アンテナは, 接地型アンテナの一種で, 放射素子の長さは $\boxed{\text{B}}$ である.

	A	B
1.	ダイポール	$\frac{1}{4}$波長
2.	ダイポール	$\frac{1}{2}$波長
3.	ホイップ	$\frac{1}{4}$波長
4.	ホイップ	$\frac{1}{2}$波長

出題頻度：★☆☆☆☆　212ページ参照

問14　図は，水平設置の八木・宇田アンテナ(八木アンテナ)の水平面内指向特性を示したものである．正しいのはどれか．ただし，Dは導波器，Pは放射器，Rは反射器とする．

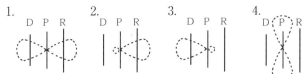

出題頻度：★☆☆☆☆　215ページ参照

問15　SHF帯を利用する送受信設備において，装置とアンテナを接続する給電線に通常使用されるものは，次のうちどれか．

1. 平行2線式線路
2. 不平衡2線式線路
3. 同軸線路
4. 導波管線路

出題頻度：★☆☆☆☆　218ページ参照

8. 電波伝搬

この分野では9問の中から1問出題

問1　次の記述の[ ]内に入れるべき字句の組合せで，正しいのはどれか.

スポラジックE層は，[A]の昼間に多く発生し，[B]の電波を反射することがある.

	A	B
1.	夏季	超短波(VHF)帯
2.	夏季	マイクロ波(SHF)帯
3.	冬季	超短波(VHF)帯
4.	冬季	マイクロ波(SHF)帯

出題頻度：★☆☆☆☆　224ページ参照

問2　マイクロ波(SHF)帯の電波の伝わり方で，正しいのは次のうちどれか.

A

1. 空電や人工雑音等の外部雑音の影響が大きい.
2. 大気の屈折率の変化に影響されない.
3. 電離層で反射し遠距離まで伝わる.
4. 電波の直進性が強い.

B

1. 地表波が遠距離まで減衰しない.
2. 回折などの現象が少なく直進性がよい.
3. 電離層で反射し遠距離まで伝わる.

4. 雨，雪，霧など気象に影響されない．

出題頻度：★☆☆☆☆　225ページ参照

問3　次の記述は，超短波(VHF)帯の電波の伝わり方について述べたものである．誤っているのはどれか．

1. 光に似た性質で，直進する．
2. 通常，電離層を突き抜けてしまう．
3. 見通し距離内の通信に適する．
4. 伝搬途中の地形や建物の影響を受けない．

出題頻度：★☆☆☆☆　224ページ参照

問4　次の記述は，超短波(VHF)帯の電波の伝わり方について述べたものである．正しいのはどれか．

1. 見通し距離外の通信に適する．
2. 通常，電離層で反射される．
3. 伝搬途中の地形や建物の影響を受けない．
4. 光に似た性質で，直進する．

出題頻度：★☆☆☆☆　224ページ参照

問5　超短波(VHF)帯を使った見通し外の遠距離の通信において，伝搬路上に山岳が有り，送受信点のそれぞれからその山頂が見通せるとき，比較的安定した通信ができることがあるのは，一般にどの現象によるものか．

1. 電波が屈折する．　　　　2. 電波が回折する．
3. 電波が直進する．　　　　4. 電波が干渉する．

出題頻度：★☆☆☆☆　224ページ参照

問6　超短波(VHF)帯の電波を使用した通信において，一般に，通信可能な距離を延ばす方法として，誤っているのはどれか．

1. アンテナの放射角度を高角度にする.
2. 鋭い指向性のアンテナを用いる.
3. 利得の高いアンテナを用いる.
4. アンテナの高さを高くする.

出題頻度：★☆☆☆☆　224ページ参照

問7　超短波(VHF)帯の電波の伝搬は，主として次のどれによっているか.

1. 直接波と電離層反射波　　　2. 直接波と大地反射波
3. 地表波と電離層反射波　　　4. 地表波と大地反射波

出題頻度：★☆☆☆☆　224ページ参照

問8　次の記述は，マイクロ波(SHF)帯の電波伝搬の特徴について述べたものである. 正しいのはどれか.

1. 大気の屈折率の変化に影響されない.
2. 波長が長いほど，電波の直進性が良くなる.
3. 空電や人工雑音などの外部雑音の影響が少ない.
4. 電離層で反射して遠くまで伝わる.

出題頻度：★☆☆☆☆　225ページ参照

問9　自由空間において電波が10〔μS〕の間に伝搬する距離は，次のうちどれか.

1. 1〔km〕　　2. 3〔km〕
3. 10〔km〕　　4. 300〔km〕

出題頻度：★☆☆☆☆　219ページ参照

9. 電源

この分野では11問の中から1問出題

問1　機器に用いる電源ヒューズの電流値は，機器の規格電流に比べて，どのような値のものが最も適切か.

1. 少し小さい値
2. 少し大きい値
3. 十分小さい値
4. 十分大きい値

出題頻度：★☆☆☆☆　226ページ参照

問2　次の記述は，どの回路について述べたものか.
交流分を含んだ不完全な直流を，できるだけ完全な直流にするための回路で，この回路の動作が不完全だとリプルが多くなり，電源ハムの原因となる.

1. 平滑回路
2. 整流回路
3. 検波回路
4. 変調回路

出題頻度：★☆☆☆☆　226ページ参照

問3　電池の記述で，正しいのはどれか.

1. リチウムイオン蓄電池は，メモリー効果があるので継ぎ足し充電ができない.
2. 蓄電池は，熱エネルギーを電気エネルギーとして取り出す.

【答】問1：2，問2：1

107

3. 容量を大きくするには，電池を並列に接続する．

4. 鉛蓄電池は，一次電池である．

出題頻度：★☆☆☆☆　228ページ参照

問4　端子電圧6〔V〕，容量30〔Ah〕の充電ずみの電池を2個並列に接続し，これに電流が6〔A〕流れる負荷を接続して使用したとき，この電池は通常何時間まで連続して使用することができるか．

1. 2.5時間

2. 5時間

3. 10時間

4. 20時間

出題頻度：★☆☆☆☆　228, 238ページ参照

問5　1個の電圧及び容量が6〔V〕，60〔Ah〕の蓄電池を3個並列に接続したとき，合成電圧及び合成容量の組合せで，正しいのは次のうちどれか．

　　合成電圧　　合成容量

1. 6〔V〕　　60〔Ah〕

2. 6〔V〕　180〔Ah〕

3. 18〔V〕　　60〔Ah〕

4. 18〔V〕　180〔Ah〕

出題頻度：★☆☆☆☆　228, 238ページ参照

問6　電池の記述で，誤っているのはどれか．

1. 鉛蓄電池は，一次電池である．

2. 蓄電池は，化学エネルギーを電気エネルギーとして取り出す．

3. リチウムイオン蓄電池は，ニッケルカドミウム蓄電池

と異なり，メモリー効果がないので継ぎ足し充電が可能である．

4. 容量を大きくするには，電池を並列に接続する．

出題頻度：★☆☆☆☆　228ページ参照

問7　端子電圧6〔V〕，容量（10時間率）60〔Ah〕の充電済みの鉛蓄電池を2個並列に接続し，これに電流が12〔A〕流れる負荷を接続して使用したとき，この蓄電池は通常何時間まで連続して使用することができるか．

1. 3時間

2. 6時間

3. 10時間

4. 20時間

出題頻度：★☆☆☆☆　228，239ページ参照

問8　次の記述の　　　内に入れるべき字句の組合せで，正しいものはどれか．

一般に，充放電が可能な　A　電池の一つに　B　蓄電池があり，自己放電が少なく，メモリー効果がないなどの特徴がある．

　　　A　　　　B

1. 一次　リチウムイオン

2. 一次　マンガン

3. 二次　リチウムイオン

4. 二次　マンガン

出題頻度：★☆☆☆☆　228ページ参照

問9　端子電圧6〔V〕，容量30〔Ah〕の電池に，3〔A〕で動作する装置を接続すると，通常何時間の連続動作をさせ

ることができるか.

1. 1時間
2. 5時間
3. 10時間
4. 30時間

出題頻度：★☆☆☆☆　228, 239ページ参照

問10 鉛蓄電池の充電終了を示す状態で, 正しいのは次のうちどれか.

1. 極板が白くなった.
2. 電解液が透明になった.
3. 一つのセルの端子電圧が2.8〔V〕になった.
4. 電解液の比重が1.12になった.

出題頻度：★☆☆☆☆　228ページ参照

問11 電源装置の説明で正しいのはどれか.

1. インバータは, 低圧の直流から高圧の直流を得る装置である.
2. ノーヒューズブレーカは, スイッチと自動遮断器を兼ねた装置である.
3. コンバータは, 低圧の直流から高圧の交流を得る装置である.
4. ヒューズは, 規定電流を多少下回る電流値のものを使用する.

出題頻度：★☆☆☆☆　229ページ参照

10. 無線測定

この分野では11問の中から1問出題

問1　次の記述の　　内に入れるべき字句の組合せで，正しいのはどれか．

回路の　A　を測定するときは，測定回路に並列に，　B　を測定するときは，測定回路に直列に計器を接続する．また，特に　C　の場合，極性を間違わないよう注意しなければならない．

	A	B	C
1.	電流	電圧	交流
2.	電圧	電流	交流
3.	電流	電圧	直流
4.	電圧	電流	直流

出題頻度：★☆☆☆☆　232ページ参照

問2　図に示す回路において，電圧及び電流を測定するには，ab 及びcd の各端子間に計器をどのように接続すればよいか．下記の組合せのうち，正しいものを選べ．

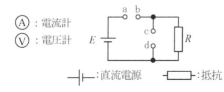

Ⓐ：電流計
Ⓥ：電圧計

　―┤├―：直流電源　　―▭―：抵抗

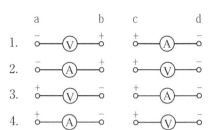

```
         a           b      c           d
1.    ○─(V)─○            ○─(A)─○
      −         +      +         −

2.    ○─(A)─○            ○─(V)─○
      −         +      +         −

3.    ○─(V)─○            ○─(A)─○
      +         −      +         −

4.    ○─(A)─○            ○─(V)─○
      +         −      +         −
```

出題頻度：★☆☆☆☆　232ページ参照

問3　一般に使用されているアナログ方式の回路計(テスタ)で，直接測定できないのは，次のうちどれか．

1. 交流電圧
2. 高周波電流
3. 直流電流
4. 抵抗

出題頻度：★☆☆☆☆　232ページ参照

問4　アナログ方式の回路計(テスタ)を用いて密閉型ヒューズ単体の断線を確かめるには，どの測定レンジを選べばよいか．

1. OHMS
2. AC　VOLTS
3. DC　VOLTS
4. DC　MILLI　AMPERES

出題頻度：★☆☆☆☆　232ページ参照

問5　抵抗 R の両端の直流電圧を測定するときの電圧計Ⓥのつなぎ方で，正しいのは次のうちどれか．

　【答】問2：4，問3：2，問4：1

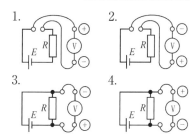

┤├ : 直流電源
┤□├ : 抵抗

出題頻度：★☆☆☆☆　233ページ参照

問6 抵抗 R の両端の直流電流を測定するときの電流計 Ⓐ のつなぎ方で，正しいのは次のうちどれか.

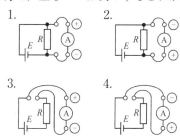

出題頻度：★☆☆☆☆　233ページ参照

問7 高周波電流を測定するのに最も適している指示計器は，次のうちどれか.

1. 可動鉄片形電流計
2. 電流力計形電流計
3. 熱電対形電流計
4. 整流形電流計

出題頻度：★☆☆☆☆　233ページ参照

問8 直流電流を測定するときに用いる，指示計器の図記号は，次のうちどれか.

【答】問5：4，問6：3，問7：3

1.   2.   3.   4.

出題頻度：★☆☆☆☆　232ページ参照

問 9　交流電流を測定するときに用いる，指示計器の図記号はどれか.

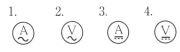

1.   2.   3.   4.

出題頻度：★☆☆☆☆　232ページ参照

問 10　高周波電流を測定するときに用いる，指示計器の図記号は，次のうちどれか.

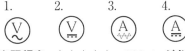

1.   2.   3.   4.

出題頻度：★☆☆☆☆　232ページ参照

問 11　テスタのゼロ点調整つまみは，なにを測定するときに必要となるか.

1. 抵抗
2. 交流電圧
3. 直流電圧
4. 直流電流

出題頻度：★☆☆☆☆　233ページ参照

法規の参考書

1. 電波法の目的・定義

出題傾向と新問対策

電波法では電波の公平な利用と能率的な使用を法の目的として定め，電波利用にかかる電波，周波数，無線局，無線従事者，無線設備などの定義を定めています．

この分野もしくは「2. 無線局の免許」のどちらかから1問出題される傾向があります．

[1] 電波法の目的（法第1条）

電波法は，「この法律は電波の公平且つ能率的な利用を確保することによって公共の福祉を増進することを目的とする」と規定し，この法律の目的を明らかにしています．

今日，電波は産業・経済・文化をはじめ社会のあらゆる分野で広く利用され社会を支える重要なインフラとして機能しています．一方使用できる電波には限りがあり（有限の資源）であり，電波は空間を共通の伝搬媒体としているため，無秩序に使用すれば相互に混信する恐れがあります．そのため，電波法では，無線局を設置する場合に免許制度を導入するとともに，使用する無線設備に技術基準への適合性や無線局を操作・監督する無線従事者にも一定の知識・技能の要件を課し，無線局を運用するに当たっての原則や手続きを定めることで，電波法の目的への適合性を担保しています．

なお，「公平」とは公私を問わずすべて平等の立場で規律する趣旨のものであって，必ずしも「早いもの勝ち」を意味するものではなく，社会・公共の利益，利便に適合することが前提です．また，「能率的」とは，電波を最も効果的に利用することを意味しており，これも社会・公共の必要から見て効果的であるということが前提となります．

[2] 定義

電波法令の解釈を明確にするために電波法では，基本用語について次のとおり定義しています．（法第2条）

① 「電波」とは，300万メガヘルツ以下の周波数の電磁波をいう．

② 「無線電信」とは，電波を利用して，符号を送り，又は受けるための通信設備をいう．（画像やデータは電波法では「無線電信」に分類される．）

③ 「無線電話」とは，電波を利用して，音声その他の音響を送り，又は受けるための通信設備をいう．

④ 「無線設備」とは，無線電信，無線電話その他電波を送り，又は受けるための電気的設備をいう．

⑤ 「無線局」とは，無線設備及び無線設備の操作を行う者の総体をいう．但し，受信のみを目的とするものを含まない．

⑥ 「無線従事者」とは，無線設備の操作又はその監督を行う者であつて，総務大臣の免許を受けたものをいう．

【国試合格へのヒント】

[1] 電波法の定義について穴埋め問題がありますので，電波法の定義のキーワードである「電波の公平」且つ「能率的利用」を良く理解しておくこと．

[2] 無線局の定義，無線従事者の定義も穴埋め問題が多く出題されており，それぞれの定義を良く理解しておくこと．

2. 無線局の免許

出題傾向と新問対策

無線局を開設する場合の免許申請手続き，その後の変更手続きや再免許手続きなどの問題で，この分野から1問出題されます．

[1] 無線局の定義 (法第2条)

「無線設備及び無線設備の操作を行う者の総体をいう．ただし，受信のみを目的とするものは含まない．」とされています．

[2] 無線局の開設 (法第4条)

無線局を開設し，運用するためには，免許を要しない無線局 (発射する電波が著しく微弱なもの，適合表示無線設備を使用することで免許を要しない無線局として定められているもの)を除き総務大臣または総合通信局長の免許が必要です．これに違反すると不法無線局として罰則の適用を受けます．

[3] 免許の申請 (法第6条)

無線局の免許を受けようとする者は，無線局申請書に添付資料を添え総務大臣または総合通信局長に提出しなければなりません．

免許の申請から免許付与までの流れを**第2.1図**に示します．

① 免許の申請には，申請書と，無線局の開設目的，設置場

第2.1図　免許の申請から免許付与までの流れ

所，使用する無線機の工事設計などを記載した添付資料が必要です．

② 次に申請書類の審査が行われます．提出された申請書類は，総務省(各総合通信局)で審査します．(法第7条)

審査事項はおおむね次のものです．

- 工事設計が電波法に定める技術基準に適合すること．
- 周波数の割当てが可能であること．
- 総務省令で定める無線局の開設の根本的基準に合致すること．

③ 審査後，電波法令に適合している場合は，次の5つの事項を指定して，予備免許が与えられます．(法第8条)

- 工事落成の期限
- 電波の型式，周波数
- 識別信号
- 空中線電力
- 運用許容時間

④ 予備免許中における変更手続き

予備免許を受けた以後に予備免許にかかる事項を変更しようとする場合は，申請により総務大臣の許可を受けて変更することができます．(法第8条2項，法第9条1項，4項，5項，法第19条)

法規の参考書

基礎知識・電波

無線局の免許

無線設備

無線従事者

運用

監督

業務書類

⑤ 予備免許を受けた申請者は，無線設備の工事が落成した ときは，「落成届」を文書により各総合通信局に提出し，落 成検査を受けなければなりません．（法第10条）

落成検査における検査項目はおおむね次のものです．な お，登録検査等事業者制度を利用すると，検査の一部が省 略されます．

- 無線設備
- 無線従事者の資格及び員数
- 備え付けなければならない書類，時計など

⑥ 簡易な免許手続き（法第15条，免許手続規則15条の4，5，6）

簡易な免許手続きの条件に該当するときは，③，④，⑤ の手続きが省略されます．

MCA無線の陸上移動局，簡易無線局，アマチュア局な ど，小規模なものであって，使用する無線設備が技術基準 適合証明を受けている場合（適合表示無線設備）は，予備免 許，検査などの手続きが省略され，審査した結果，法令に 適合していると認められれば免許が付与されます．

⑦ 落成検査に合格した場合と簡易な免許手続きによって検 査などが省略された場合は，免許が付与され（法第12条）， 免許状が交付されます（法第14条）．免許状が交付されると 無線局の運用を開始することができます．

なお，免許には有効期間があります．固定局，基地局， 陸上移動局，簡易無線局などの免許の有効期間は5年と定 められています．

[4] 再免許の申請 (法第13条)

免許の有効期間満了後も引き続き無線局を運用しようと

第2.2図 再免許申請の流れ

するときには，免許の有効期間の満了前に申請書を提出して再免許を受けなければなりません．

　再免許申請の流れを**第2.2図**に示します．

① 再免許の申請は，再免許申請書に所定の事項を記載した書類を添え，総務省（総合通信局）に提出します．

② 次に審査が行われます．継続して無線局を運用する必要性など，免許申請に準じて審査されます．

③ 審査の結果，電波法令に適合している場合は，再免許が付与され，免許状が交付されます．

［5］再免許の申請受付期間（免許手続規則第16, 17条）

　再免許の申請を行う場合，申請書の受付期間に注意してください．再免許の申請は免許の有効期間満了前3か月以上，6か月を超えない期間内に行う必要があります．

　ただし，免許の有効期間が1年以内の無線局は免許の有効期間満了前1か月までに行う必要があります．

［6］変更の申請等（法17, 19条）

　免許取得後に，通信の相手方，通信事項もしくは無線設備の設置場所を変更，または無線設備の変更の工事をしようとするときは，あらかじめ総務大臣の許可を受けなければなりません．（法17条）

　指定事項（呼出名称または識別信号，電波の型式，周波数，運用許容時間）の変更についても同様です（法19条）．

第2.3図　変更申請等の手続きの流れ

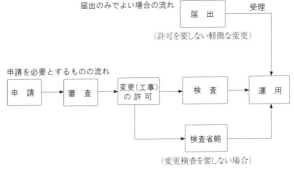

変更申請等の手続きの流れを**第2.3図**に示します.

① 届出のみで済む場合

　技術基準適合証明を受けた無線設備に取り替えた場合など，変更の内容が軽微なものの場合は，許可を要しない軽微な変更として届出のみで免許内容の変更が認められます.

② 申請が必要となるもの

　現在免許を受けている内容を変更しようとする場合には，申請書に変更しようとする内容などを記載した資料を添付して総合通信局に申請しなければなりません.

③ 次に審査が行われます.変更の必要性，変更内容が法令に適合しているかなどが審査されます.

④ 審査の結果，電波法令等に適合している場合は，変更の許可が与えられます.

⑤ 変更工事の内容が軽微なものに該当する場合は，変更検査を要しない場合として検査が省略される場合がありま

す.（法第18条1項，施則第10条の4別表第2号）

⑥ 無線設備の変更工事が終了したら，総合通信局に工事完了届を提出し，変更検査を受けなければなりません（法第18条）．総合通信局は申請内容のとおり変更工事が行われたかどうか検査します．

なお，登録検査等事業者制度を利用すると，検査の一部が省略されます．

⑦ 変更検査に合格すると変更にかかる無線局を運用することができます．変更許可や変更検査を受けずに運用すると罰則の適用を受けます．

[7] 無線局免許状の記載事項（法第14条2項）

無線局免許状は，無線局の免許を与えたことを証明し，かつ，その内容を表示する公文書で，次の事項が記載されています．

① 免許の年月日及び免許の番号，② 免許人の氏名又は名称及び住所，③ 無線局の種別，④ 無線局の目的，⑤ 通信の相手方及び通信事項，⑥ 無線設備の設置（常置）場所，⑦ 免許の有効期間，⑧ 呼出符号（識別信号），⑨ 電波の型式及び周波数，⑩ 空中線電力，⑪ 運用許容時間

なお，無線従事者の氏名，免許人の国籍，工事落成期限，無線従事者の資格は無線局免許状には記載されません．

[8] 無線局の免許が与えられない場合（欠格事由）（法第5条1項）

無線局の免許は，総務大臣に申請すれば誰でも無条件で免許を与えられるものではありません．無線局の免許が与えられない場合を欠格事由といい，大きく分けて次の2つの場合があります．

① 外国性の排除（絶対的欠格事由：免許が与えられない場合）

　　電波は有限希少な資源であるため，わが国の国益を優先した電波の使用の観点から一定の無線局には外国性の排除（外国の法人または団体等）の原則が適用されます．ただし，実験試験局，アマチュア局ほか一部の適用除外の無線局は該当しませんので，これらの無線局は開設できます．

② 反社会性の排除（相対的欠格事由：免許を与えないことができる場合）（法第5条3項）

　　電波利用の場の秩序の維持の観点から電波法や放送法に規定する罪を犯し罰金以上の刑に処せられ，その執行が終わり，またはその執行を受けることがなくなった日から2年を経過しない者，無線局の免許の取消しを受け，その取消しの日から2年を経過しない者に対しては，免許を与えられないことがあります．

　　免許を与えるか否かは，申請者の情状によって総務大臣が判断することになります．

【国試合格へのヒント】

[1] 無線局の予備免許が付与される際に総務大臣から指定される事項（5つ）及び免許後の指定事項等の変更手続きについては，繰り返し出題されているので，良く理解しておくこと．

[2] 無線局の開設手続き，変更工事の手続きの流れも良く理解しておくこと．

[3] 免許の有効期限，再免許手続きの申請期間，免許状の記載事項も把握しておくこと．

3. 無線設備

出題傾向と新問対策

無線設備とは，電波を送ったり，受けたりする設備，つまり，送信機，受信機，空中線(アンテナ)，付属設備などですが，これらについての技術基準とこれに関連した規定事項で，この分野から1問出題されます．

用語の定義

無線設備に関する用語の定義は次のとおりです．(法第2条)

[1] 電波の定義

「電波とは，300万メガヘルツ以下の周波数の電磁波をいう．」

[2] 無線電話の定義

「無線電話とは，電波を利用して，音声その他の音響を送り，又は受けるための通信設備をいう．」

[3] 無線電信の定義

「無線電信」とは，電波を利用して，符号を送り，又は受けるための通信設備をいう．」(画像やデータは電波法では「無線電信」に分類されます．)

[4] 無線設備の定義

「無線電信，無線電話その他電波を送り，又は受けるための電気的設備をいう．」

[5] 送信設備の定義

「送信装置と送信空中線系とから成る電波を送る設備をいう．」

第3.1図　無線設備の構成

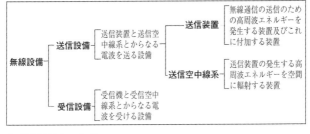

[6] 送信装置の定義

「送信装置とは，無線通信の送信のための高周波エネルギーを発生する装置及びこれに付加する装置をいう.」

[7] 送信空中線系の定義

「送信空中線系とは，送信装置の発生する高周波エネルギーを空間へふく射する装置をいう.」

　無線設備の構成を**第3.1図**に示します.

[8] 電波の型式の表示 (施行規則第4条の2)

　電波の型式とは，発射される電波がどのような変調方式で，どのような内容の情報を有しているかなどを記号で表すことで，次のように分類し一定の3文字の記号を組み合わせて表記されます.

① 電波の主搬送波の変調の型式(無変調，AM，FMなど)

② 主搬送波を変調する信号の性質(アナログ，デジタルなど)

③ 伝送情報の型式(無情報，電信，電話，ファクシミリなど)

　電波の型式の表示例を**第3.2図**に示します.

[9] 良く使われる主な電波の型式の表示例

① A3E：単一チャネルのアナログ信号で振幅変調した両

第3.2図　電波の型式の表示例

電波型式表記の1文字目（主搬送波の変調型式）

主搬送波の変調型式			記号
無変調			N
振幅変調	両側波帯	全搬送波	A
	単側波帯	低減搬送波	H
		抑圧搬送波	R
		独立側波帯	J
	残留側波帯		B
角度変調	周波数		C
	位相		F
振幅変調および角度変調であって、同時に、または一定の順序で変調するもの			G
パルス変調	無変調		D
	振幅		P
	幅、または長さ		K
	位置、または位相		L
	パルス期間中に角度変調		M
	上記の組み合わせ、または他の方法		Q
上記に該当しないもので、振幅、角度、パルスのうち二以上を組み合わせて、同時に、または一定の順序で変調するもの			V
その他			W
			X

電波型式表記の2文字目（主搬送波を変調する信号の性質）

主搬送波を変調する信号の性質	記号
変調信号なし	0
副搬送波を使用しないデジタル信号の単一チャネル	1
副搬送波を使用するデジタル信号の単一チャネル	2
アナログ信号の単一チャネル	3
デジタル信号の二以上のチャネル	7
アナログ信号の二以上のチャネル	8
1以上のアナログ信号チャネルと、一以上のデジタル信号チャネルの複合方式	9
その他	X

電波型式表記の3文字目

伝送情報	記号
無情報	N
電信（聴覚受信）	A
電信（自動信・印刷）電信（RTTY）	B
ファクシミリ	C
データ伝送、遠隔測定、遠隔指令	D
電話（音響の放送を含む）	E
テレビジョン（映像）	F
組み合わせ	W
その他	X

128

側波帯の電話

① J3E：単一チャネルのアナログ信号で振幅変調した抑圧搬送波による単側波帯の電話

② F3E：単一チャネルのアナログ信号で周波数変調した電話

③ F7E：2以上のチャネルのデジタル信号で周波数変調した電話

④ P0N：無情報で変調信号がなくパルス変調のもの（パルスレーダー）

詳細は**第3.2図**を参照してください.

[10] 電波の質（法第28条）

「送信設備に使用する電波の周波数の偏差及び幅，高調波の強度等電波の質は，総務省令で定めるところに適合するものでなければならない.」

電波の質は，周波数の偏差（周波数のずれのこと），周波数の幅（占有周波数帯幅のこと），高調波の強度（スプリアス・不要発射の強さのこと）の3つです.

[11] 周波数の安定のための条件（設備規則第15条）

① 「周波数をその許容偏差内に維持するため，発振回路の方式はできる限り外囲の温度若しくは湿度の変化によって影響を受けないものでなければならない.」

② 「周波数をその許容偏差内に維持するため，送信装置はできる限り電源電圧又は負荷の変化によって発振周波数に影響を与えないものでなければならない.」

③ 「移動局の送信装置は，実際上起こり得る振動又は衝撃によっても周波数をその許容偏差内に維持するもの

でなければならない.」

[12] 送信空中線の条件(設備規則第20条)

① 空中線の利得及び能率がなるべく大であること.

② 整合が十分であること.

③ 満足な指向特性が得られること.

【国試合格へのヒント】

[1] 電波の型式の表示については,[9]良く使われる主な電波の型式の表示例の出題が多いので,すぐ答えられるようにしておくこと.

[2] 電波の質を問う問題も良く出題されるので,周波数の偏差,周波数の幅,高調波の強度の3つの項目を良く理解しておくこと.

　なお,信号対雑音比,変調度,空中線電力の偏差,電波の型式,総合周波数特性などは電波法上の電波の質ではないので注意.

4. 無線従事者

出題傾向と新問対策

第2級陸上特殊無線技士について，免許が与えられない場合，操作範囲，免許証の申請，免許証の取り扱い（失った場合の手続，訂正，再交付，返納）など，この分野の中から3問出題されます.

[1] 無線従事者の定義 (法第2条)

無線従事者とは，「無線設備の操作又はその監督を行う者であって，総務大臣の免許を受けた者」と定められています.

[2] 第2級陸上特殊無線技士の操作範囲は次のとおり.

(施行令第3条)

1. 次に掲げる無線設備の外部の転換装置で電波の質に影響を及ぼさないものの技術操作

① 受信障害対策中継放送局及び特定市区町村放送局の無線設備

② 陸上の無線局の空中線電力10W以下の無線設備（多重無線設備を除く.）で1606.5kHzから4000kHzの周波数の電波を使用するもの

③ 陸上の無線局のレーダーで1-①に掲げるもの以外のもの

④ 陸上の無線局で人工衛星局の中継により無線通信を行うものの空中線電力50W以下の多重無線設備

2. 第3級陸上特殊無線技士の操作の範囲に属する操作

(参考)操作が含まれる第3級陸上特殊無線技士の操作範囲は次のとおりです.（施行令第3条）

陸上の無線局の無線設備（レーダー及び人工衛星局の中継により無線通信を行う無線局の多重無線設備を除く.）で次に掲げるものの外部の転換装置で電波の質に影響を及ぼさないものの技術操作

① 空中線電力50W以下の無線設備で25010kHzから960MHzまでの周波数の電波を使用するもの

② 空中線電力100W以下の無線設備で1215MHz以上の周波数の電波を使用するもの

[3] 無線従事者の免許を与えられないことがある場合は次のとおり.（法第42条, 従事者規則第45条）

無線従事者の免許を取り消され, 取り消しの日から2年を経過しない者.

[4] 無線従事者または主任無線従事者の選任・解任

無線従事者または主任無線従事者を無線局に選任または解任する場合は, 総務大臣へ届出が必要です.（法第51条）

主任無線従事者を選任した無線局の免許人は, 選任の日から6カ月以内に, 主任無線従事者として選任した者に主任無線従事者講習を受けさせなければなりません.（電波法施行規則第34条の7）

この主任無線従事者講習は, 総務大臣から指定講習機関として指定された公益財団法人日本無線協会で実施しています.

http://www.nichimu.or.jp/denpa/05-03shunin.html#03

[5] 免許証の携帯義務(施行規則第38条9項)

無線従事者は，その業務に従事しているときは，免許証を携帯していなければなりません．

[6] 免許証の訂正の手続き(平成21年総務省令第103号附則第4項)

平成22年(2010年)3月31日以前(旧規則)に免許証を交付された無線従事者が氏名に変更を生じたときは，附則の特例により無線従事者免許証訂正申請書に免許証及び写真1枚並びに氏名の変更の事実を証する書類を添えて総務大臣又は総合通信局長に提出し，免許証の訂正を受けることができます．

[7] 免許証の再交付手続き(従事者規則第50条)

無線従事者は，免許証を汚し，破り，又は失ったために再交付の申請をしようとするときは，免許証再交付申請書に添えて，免許証(免許証を失った場合を除く.)，写真1枚を添えて総務大臣又は総合通信局長に提出します．

なお，免許証の訂正に代えて免許証の再交付をすることができます．このときは，氏名の変更の事実を証する書類を加えてください．

[8] 免許証の返納義務(従事者規則第51条1項)

無線従事者は，免許の取消しの処分を受けたときは，その処分を受けた日から10日以内にその免許証を総務大臣又は総合通信局長に返さなければなりません．免許証の再交付を受けた後，失った免許証を発見したときも同様(10日以内)です．

[9] 無線従事者が死亡または失そうした場合の手続き（従事者規則第51条2項）

　　無線従事者が死亡し，または失そう（7年間生死不明のため，死んだものと見なすこと）の宣告を受けたときは，戸籍法による死亡または失そうの宣告の届出義務者は，遅滞なく，その無線従事者免許証を，総務大臣または総合通信局長に返納しなければなりません．

【国試合格へのヒント】

[1] 第2級陸上特殊無線技士の操作範囲に関する出題が多く，操作が含まれる第3級陸上特殊無線技士の操作の範囲についても十分理解しておくこと．なお，レーダーの操作については，海岸局や無線航行局，航空局のレーダーの操作は含まれないことに注意．

[2] 第2級陸上特殊無線技士が主任無線従事者として選任された場合の講習受講義務を問う問題は繰り返し出題されているので，理解しておくこと．

[3] 無線従事者免許証携帯義務，免許が与えられない場合，免許証の訂正，再交付，返納手続きについても理解しておくこと．

5. 運用

出題傾向と新問対策

第2級陸上特殊無線技士が操作・監督ができる無線局について，無線局の運用に必要な知識・能力について，この分野の中から1問出題されます．

[1] 免許状記載事項の遵守(目的外使用の禁止等)（法第52条）

無線局の運用は，免許状に記載された目的又は通信の相手方若しくは通信事項(放送事項)の範囲を超えて運用してはならないとされています．(「目的外使用の禁止」)．

ただし，人命，財貨の保全，社会の安寧，秩序の維持，その他国民の福利に重大な関係をもつ通信に限って，免許状記載事項の範囲を超えて運用することを認められます．特に，遭難通信，緊急通信，安全通信，非常通信などを実施する場合，すべての規制は排除されます．なお，無線局を運用する場合の空中線電力は免許状等に記載されたものの範囲で通信を行うため必要最小のものとします．

[2] 混信等の防止（法第56条，施行規則第50条の2）

無線局は，他の無線局，又は，電波天文業務の用に供する受信設備その他の総務省令で定める受信設備で総務大臣が指定するものに，その運用を阻害するような混信その他妨害を与えないように運用しなければなりません．

135

「混信」とは，他の無線局の正常な業務の運行を妨害する電波の発射，輻射又は誘導をいいます．

[3] 擬似空中線回路の使用（法第57条1項）

　　無線局は，

① 　無線設備の機器の試験又は調整を行うための運用をするとき

② 　実験無線局を運用するときは，なるべく擬似空中線回路を使用しなければなりません．

[4] 通信の秘密の保護（電波法におる通信の秘密の保護）（法第59条）

　　「何人も，法律に別段の定めがある場合を除く外，特定の相手方に対して行われる無線通信（電気通信事業法第4条第1項又は第90条第2項の通信たるものを除く）を傍受してその存在若しくは内容を漏らし，又はこれを窃用してはならない．」と定められています．（法第59条）

① 　保護の対象となる通信：送信者と受信者が特定され，その間に特定性又は個別性が存在する通信．

② 　禁止される行為：存在若しくは内容を漏らすことおよび窃用すること．

③ 　（ITU，無線通信規則第17条との関連において）傍受すること．

④ 　法律に別段の定めがある場合とは：犯罪捜査のための通信原書の押収（刑事訴訟法第100条），電気通信の傍受を行う強制処分（刑事訴訟法第122条の2），犯罪捜査のための通信傍受に関する法律など．

[5] 時計，業務書類等の備付け（法第60条）

　　無線局には，①正確な時計，② 無線業務日誌，③その他総務省令で定める書類を備え付けておかなければなりません．ただし，総務省令で定める無線局については，これらの全部又は一部の備付けを省略することができます．（電波法第60条）

[6] 無線通信の原則（運用規則第10条）

　　無線局運用規則で次のように定められています．

① 　必要のない無線通信は行ってはならない．

② 　無線通信に使用する用語は，できる限り簡潔でなければならない．

③ 　無線通信を行うときは，自局の識別信号を付して，その出所を明らかにしなければならない．

④ 　無線通信は，正確に行うものとし，通信上の誤りを知ったときは，直ちに訂正しなければならない．

[7] 業務用語等（運用規則第12条，第13条1項，別表第2号）

　　無線局運用規則で次のように定められています．

① 　モールス無線電信による通信には，無線局運用規則の別表第一号に掲げるモールス符号を用いなければならない．

② 　無線電信による通信の業務用語には，デジタル選択呼出し通信及び狭帯域直接印刷電信通信の場合を除いて，無線局運用規則の別表第二号に定める略語又は符号を使用するものとする．

③ 　無線電話による通信の業務用語には，無線局運用規則の別表第四号に定める略語を使用するものとする．

[8] 電波を発射する前の措置(運用規則第19条の2．2項)

　　無線局運用規則で電波の発射に際しては，次のように事前に混信の発生を防止する措置を執ることが規定されています．

① 　無線局は，相手局を呼び出そうとするときは，電波を発射する前に，受信機を最良の感度に調整し，自局の発射しようとする電波の周波数その他必要と認める周波数によつて聴守し，他の通信に混信を与えないことを確かめなければならない．ただし，遭難通信，緊急通信，安全通信及び法第七十四条第一項に規定する通信を行なう場合，並びに海上移動業務以外の業務において他の通信に混信を与えないことが確実である電波により通信を行なう場合は，この限りでない．

② 　前項の場合において，他の通信に混信を与えるおそれがあるときは，その通信が終了した後でなければ呼出しをしてはならない．

[9] 試験電波の発射(運用規則第39条1項)

　　無線局は，無線機器の試験又は調整のため電波の発射を必要とするときは，次の手続きによらなければなりません．

① 　発射する前に自局の発射しようとする電波の周波数及びその他必要と認める周波数によって聴守し，他の無線局の通信に混信を与えないことを確かめなければならない．

② 　他の無線局の通信に混信を与えないことを確かめた後，次の符号を順次送信する．

「ただいま試験中」　　3回

「こちらは」　　　　　1回

自局の呼出名称　　　　3回

　　この後，1分間聴守を行い，他の無線局から停止の要求がなければ，次の事項を順次送信します.

「本日は晴天なり」　　繰返し

自局の呼出名称　　　　1回

[10] 一般通信の方法(運用規則第20条1項)

① 呼出し

相手局の呼出名称　　　3回以下

こちらは　　　　　　　1回

自局の呼出名称　　　　3回以下

② 呼出しの反復・再開

　　呼出しを反復しても応答がないときは，少なくても3分間の間隔をおかなければ，呼出しを再開してはなりません.

③ 呼出しの中止

• 無線局は，自局の呼出しが他の既に行われている通信に混信を与える旨の通知を受けたときは，直ちにその呼出しを中止しなければなりません. 無線設備の機器の試験又は調整のための電波の発射についても同様とします.

• 前項の通知をする無線局は，その通知をするに際し，分で表わす概略の待つべき時間を示します.

④ 応答(応答に対して直ちに通報を受信しようとするときは，応答事項の次に「どうぞ」を送信します.)(運用規

則第23条2項)

相手局の呼出名称	3回以下
こちらは	1回
自局の呼出名称	1回
どうぞ	1回

なお，応答に関する措置は以下のとおりです．

- 無線局は，自局に対する呼出しを受信したときは，直ちに応答しなければなりません．
- 通報を確実に受信したとき：「了解」または「OK」を送信します．
- 通報の送信が終わったとき：「終わり」を送信します．

⑤　通信の終了(運用規則第38条)

通信が終了したときは「さようなら」を送信します．

[11] 呼出し又は応答の簡易化(運用規則第29条2項)

①　呼出しの簡易化

空中線電力50ワット以下の固定局の無線設備を使用して呼出しを行う場合において，確実に連絡の設定ができると認められるときは，呼出事項のうち「こちらは」および「自局の呼出符号3回以下」を省略することができます．

なお，簡易化された呼出しを行った場合は，その通信中少なくとも1回以上自局の呼出符号を送信しなければなりません．

②　応答の簡易化

空中線電力50ワット以下の固定局無線設備を使用して応答を行う場合において，確実に連絡の設定ができると認められるときは，応答事項のうち「相手局の呼出符号3

回以下」を省略することができます.

[12] 不確実な呼出しに対する応答(運用規則第26条1項)

無線局は,自局に対する呼出しであることが確実でない呼出しを受信したときは,その呼出しが反復され,且つ,自局に対する呼出しであることが確実に判明するまで応答してはなりません.なお,自局に対する呼出しを受信した場合において,呼出局の呼出符号が不確実であるときは,次の手順で直ちに応答しなければなりません.

①	誰かこちらを呼びましたか	3回以下
②	こちらは	1回
③	自局の呼出符号	1回
④	どうぞ	1回

[13] 非常通信(法第74条1項,2項,運用規則第131条)

非常の場合の無線通信において,無線電話により連絡を設定するための呼出し又は応答は,呼出事項又は応答事項に『非常』3回を前置して行います.

①	非常	3回
②	相手局の呼出名称	3回以下
③	こちらは	1回
④	自局の呼出符号	3回以下

[14] 非常通信を受信した場合の措置(運用規則第132条)

「非常」を前置した呼出しを受信した無線局は,応答する場合を除く外,これに混信を与えるおそれのある電波の発射を停止して傍受しなければなりません.

[15] 非常通信の取扱いの停止(運用規則第136条)

非常通信を開始した後,有線通信の状態が復旧した場

141

合は，速やかにその取扱いを停止しなければなりません．

【国試合格へのヒント】

[1] 呼び出し，応答の方法及び応答に際し直ちに通報を受信しようとする時の略号，確実に連絡設定ができる場合の呼び出しの方法を問う問題が繰り返し出題されていますので，良く理解しておくこと．

[2] 無線通信の原則に関する問題の出題も多いので，良く理解しておくこと．

[3] 疑似空中線回路の使用，非常通信の際の運用についての出題も良く出題されるので理解しておくこと．

6. 監 督

出題傾向と新問対策

電波法の施行を確保するための，総務大臣の権限，及び無線局の免許人の義務などを監督といいます．第2級陸上特殊無線技士ではこの分野の比重が高く，3問出題されます．

監督について

ここでいう監督とは，電波法に掲げる目的達成のために総務大臣が行う行政的措置のことで，次のようなものがあります．

[1] 公益上の必要に基づく下命

① 周波数等の変更(法第71条，71条の2，71条の3)

特定の業務について，新たな技術の採用などにより，周波数の利用効率を向上させることにより，周波数割当計画又は放送用周波数使用計画を変更する場合．

② 非常の場合の通信(法第74条1項)

地震，台風，洪水，津波，雪害，火災，暴動，その他非常の事態が発生し，又は発生するおそれがある場合においては，人命の救助，災害の救援，交通通信の確保又は秩序の維持のために必要な通信を無線局に行わせる場合．

[2] 不適当な運用に対する監督

不適当な運用に対して総務大臣は次の①〜⑤に掲げる

指示，命令，処分を行うことが規定されています．

① 技術基準適合命令(法71条の5)

　　総務大臣は無線設備が法第3章の技術基準に適合していないと認められるときは，免許人に対し，その技術基準に適合するように当該無線設備の修理，その他の必要な措置をとるべきことを命ずることができる．

② 臨時に電波の発射停止を命ぜられることがある場合(法第72条)

- 無線局の発射する電波の質(周波数の偏差，占有周波数帯幅，高調波の強度)が無線設備規則第5条〜第7条で定めるものに適合していないと認めるとき，電波の発射の停止を命ずることができる．

- 電波の質が，法の定めるところに適合するに至った旨の申出があった場合には，試験的に電波を発射させる．

- 電波の質が，法に定めるところに適合しているときには，電波発射停止の命令を解除しなければならない．

③ 無線局の運用停止及び免許内容の制限(法第76条第1項)

　　総務大臣は，免許人が電波法，放送法若しくはこれらの法律に基づく命令又はこれらに基づく処分に違反したときは，3か月以内の期間を定めて無線局の運用の停止を命じること，又は期間を定めて運用許容時間，周波数又は空中線電力を制限することができる．

④ 無線局の免許取消(法第76条第2項，第3項，第4項)

　　免許人(包括免許人を除く)が次のいずれかに該当するとき，総務大臣はその免許を取り消すことができる．

- 正当な理由がないのに，無線局の運用を引き続き6か月以上休止したとき．
- 不正な手段により無線局の免許若しくは第17条の許可を受け，又は第19条の規定による指定の変更を行わせたとき．
- 無線局の運用停止又は使用制限に従わないとき．
- 免許人が，電波法又は放送法に規定する罪を犯し罰金以上の刑に処せられ，その執行を終わり，又はその執行を受けることがなくなった日から2年を経過しない者となったとき．
- 無線局の免許の絶対的欠格事由に基づく取消し（法第75条）

  免許人が電波法第5条第1項，第2項及び第4項の規定により免許を受けることができない者となったときは，その免許は取り消さなければならない．

⑤ 無線従事者の免許取消し及び従事停止（法第79条）

  無線従事者が次のいずれかに該当するとき，総務大臣はその免許を取り消し，または3か月以内の期間を定めて従事の停止を命ずることができる．

- 電波法又は電波法に基づく命令又はこれらに基づく処分に違反したとき．
- 不正な手段により無線従事者の免許を受けたとき．
- 無線従事者の免許を受けた後，著しい心身の欠陥が生じ，無線従事者たるに適しない者となったとき．

[3] 一般的な監督

① 無線局に対する検査（職員を無線局に派遣し，その無

線設備，無線従事者の資格及び員数並びに時計及び書類を検査するほか，無線局に電波の発射を命じて，発射する電波の質又は空中線電力の検査を行うことができます．）

　無線局に対する検査は次の4種類があります．

- 落成後の検査（新設検査）：法第10条に規定する検査．
- 変更検査：法第18条に規定する検査．
- 定期検査：法第73条第1項に規定する検査．
- 臨時検査：法第73条第4項に規定する検査．（臨時に電波の発射の停止を命ぜられたとき，または電波法の施行を確保するため特に必要がある場合に行われます．）

②　無線局以外に対する検査

　無線局以外のものに対する検査として次の2種類があります．

- 受信設備の検査：法第82条第2項に規定する検査．
- 許可を要する高周波利用設備の検査：法第100条第5項に規定する検査．

③　無線局に関する報告等（法第80条）

　無線局の免許人は，次に掲げる場合は，総務省令で定める手続きにより，総務大臣に報告しなければなりません．

- 遭難通信，緊急通信，安全通信又は非常通信を行ったとき．
- 電波法又は電波法に基づく命令の規定に違反して運用した無線局を認めたとき．

[4] 電波利用料の徴収（法第103条の2）

　免許人は，その免許を受けた日から30日以内に，また，その後，毎年その免許の日に相応する日（相応する日がない場合は，その翌日）から起算して30日以内に電波法の規定により電波利用料を納めなければなりません．

【国試合格へのヒント】

[1]　電波の質が総務省令に適合していない場合，臨時に電波の発射の停止が命じられる場合の出題が多いので，良く理解しておくこと．

[2]　無線局の運用停止及び免許内容の制限についての出題もあるので，良く理解しておくこと．

[3]　無線従事者の免許の取り消し，従事の停止などに関する問題が繰り返し出題されているので，すぐ答えられるようしておくこと．

[4]　電波法又は電波法に基づく命令の規定に違反して運用した無線局を認めたとき，または非常通信を行った時の報告も多く出題されているので，理解しておくこと．

[5]　無線局の検査で検査される事項を問う問題もよく出題されており，理解しておくこと．

[6]　電波利用料の納付に関する問題もたまに出題されており，理解しておくこと．

7. 業務書類

出題傾向と新問対策

無線局には，無線局免許状などの業務書類を備え付けておかなければなりません．それらの書類の作成方法，保存等，この分野から2問出題されます．

[1] 無線局に備え付ける時計・書類等（法第60条）

無線局には次の業務書類等を設置場所または常置場所に備え付けておかなければなりません．

(1) 無線局免許状

(2) 無線局申請書・届書類の写し

(3) 時計

(4) 業務日誌

なお，固定局，基地局，陸上移動局，携帯局などは(3)，(4)の備え付けの省略が認められています．（施行規則第38条の2）

[2] 無線局検査結果通知書（施行規則第39条2項）

無線局の検査の際，検査を行った検査職員がその検査の結果（合格または不合格）を免許人に通知するためのものです．

もし，検査の結果，法令の規定に適合しない事項が一部あり総務大臣又は総合通信局長から指示を受けた場合，無線局検査結果通知書に指示事項が記載されますので，

　免許人は，相当な措置をしたとき，その措置の内容を総務大臣に報告します．

[3] 無線業務日誌 (施行規則第40条)

　無線局の日々の運用内容を記録するものを無線業務日誌といい，記載内容は次のとおりです．また無線業務日誌は使用を終わった日から2年間保存しなければなりません．

① 　無線従事者の氏名，資格及び服務方法．

② 　通信のたびごとに通信の開始及び終了の時刻．

③ 　相手局の識別信号，自局及び相手局の使用電波の型式及び周波数，使用した空中線電力．

④ 　通信事項の区別及び通信事項別通信時間，相手局から通知を受けた事項の概要，遭難通信，緊急通信，安全通信並びにこれに対する措置の内容など．

[4] 無線従事者，主任無線従事者の選解任の手続き (法第39条4項，法第51条)

　無線局の免許人は，無線従事者または主任無線従事者を選任し，または解任したときは，遅滞なく総務大臣へ届け出なければなりません．

[5] 無線局の免許状

① 　無線局免許状は設置場所または常置場所の主たる送信装置のある見やすい箇所に掲げておきます．（施行規則第38条の2）

② 　免許人は，免許状に記載された事項に変更が生じたときは，その免許状を総務大臣に提出し，訂正を受けなければなりません．（法第21条）

　免許状の記載事項の変更には，指定事項の変更，通

信事項，無線設備の設置場所，無線設備の変更のほか，免許人の氏名または名称および住所の変更があります．

③　免許人は免許状に記載した住所に変更が生じたときは，免許状を総務大臣に提出し訂正を受けなければなりません．（法第21条）

④　免許人が免許状を破損し，汚し，失った等のために免許状の再交付を申請しようとするときは，理由を記載した申請書を総務大臣または総合通信局長に提出しなければなりません．（免許手続規則第23条1項）

⑤　免許人は，新たな免許状の交付を受けたときには，遅滞なく旧免許状を返さなければなりません．（免許手続規則第23条2項）

⑥　免許がその効力を失ったときは，免許人であった者は，1か月以内にその免許状を返納しなければなりません．（法第24条）

無線局の免許がその効力を失う場合は，無線局を廃止したとき，免許の有効期間が満了したとき，免許が取り消されたときなどがあります．

【国試合格へのヒント】

[1] 無線局に備え付けなければならない時計・業務書類等についてすぐ回答できるようにしておくこと．

[2] 無線局の免許状の掲示義務，免許状の返納について繰り返し出題されていますので，良く理解しておくこと．

[3] 無線従事者，主任無線従事者の選解任の手続きについての出題も多いので，良く理解しておくこと．

無線工学の
参考書

1. 無線工学の基礎

出題傾向と新問対策

送信機や受信機，通信装置などの各部を働かせる部品（トランジスタ，FET，ダイオード，抵抗，コンデンサ，コイルなど）の知識と，それに関係した理論の概要が求められます．計算問題の解き方は233ページ参照．

この分野では2問出題されますが，求められる知識は概要レベルであり，計算問題も出題されますが，オームの法則が中心ですから，さほどむずかしくありません．

【トランジスタ】

接合形トランジスタは，N形半導体の間にきわめて薄いP形半導体を挟んだNPN形と，その反対にP形半導体の間にきわめて薄いN形半導体を挟んだPNP形の2種類があります．トランジスタの図記号を**第1.1図**に示します．

接合形トランジスタの動作は，ベース・エミッタ間を流れるベース電流によってエミッタ・コレクタ間を流れる

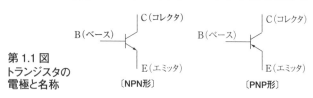

第1.1図
トランジスタの
電極と名称

B（ベース） C（コレクタ） E（エミッタ） 〔NPN形〕

B（ベース） C（コレクタ） E（エミッタ） 〔PNP形〕

コレクタ電流を制御する電流制御形のトランジスタで，これらのトランジスタは半導体の自由電子と正孔の両方で動作するので，バイポーラトランジスタといいます．

また，小型軽量であり電子管と違い電源を入れると直ちに動作し，低電圧で動作し消費電力が少ない，機械的に丈夫で寿命が長いなどの特徴がありますが，温度が変化すると特性が変化します．また，比較的小電力に適しており，大電力で用いる場合は使用素子数を増やす必要があります．

[1] ベース接地増幅回路の特徴

第1.2図の回路は，NPN形トランジスタを用いて，ベースを入力側と出力側との共通端子として接地したベース接地増幅回路の一例です．ベース接地増幅回路はベース－コレクタ間の静電容量が少ないために出力側から入力側への帰還（信号の戻り）が少なく，高周波増幅回路に適しています．高周波増幅回路で帰還が多いと発振の原因となります．

第1.2図のベース接地増幅回路では，ベース-エミッタ間には順方向電圧を，コレクタ-ベース間には逆方向電圧を加えるのが標準です．

ベース電流を流さないときはコレクタから電流は流れ

第 1.2 図　ベース接地増幅回路

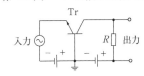

ませんが，ベースにわずかに電流を流すとコレクタから
エミッタへ流れる電流を大きく変化させることができま
す．この特性を利用して増幅回路などに用いられます．

【半導体】

[1] 半導体

　導体と絶縁体との中間の抵抗を持っている物質を半導
体といいます．ゲルマニウム，シリコン，亜酸化銅がそ
の例です．

　純粋な半導体のゲルマニウムやシリコンにアンチモン
などの不純物を混ぜたものをN型半導体といい，インジュ
ウムなどの不純物を混ぜたものをP型半導体といます．N型
半導体の電気伝導は自由電子によって行われ，P型半導体
の電気伝導はホールによって行われます．

[2] 半導体の性質

　半導体は周囲の温度の上昇によって，内部の抵抗は減
少し，流れる電流が増加します．抵抗と電流は反比例の
関係ですので，このように温度が上昇して半導体の抵抗
が減少すると電流が増加するのです．なお金属などの導
体は温度が上昇すると抵抗値は大きくなります(158ペー
ジのオームの法則を参照)．

[1] 導 体

　抵抗が小さい，つまり電気が流れやすい物質を導体と
いいます．大地，塩水，銀，銅，鉄，アルミニウムなど
の金属がその例です．

工学基礎
電子回路
送信機
受信機
電源誤給
レーダー
空中線・給電
電波伝播
電測
無線測定
計器系統

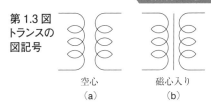

第1.3図
トランスの
図記号

空心　　　　　　　磁心入り
（a）　　　　　　　（b）

[2] 絶縁体

抵抗が大きい，つまり電気をほとんど流さない物質を絶縁体（物）といいます．空気，ガラス，陶器，磁器，ビニール，プラスチック，乾いた木材，純粋な水などがその例です．

【電子部品の図記号】

p.56 問3 の選択肢3の図記号はコイルです．トランスは変圧器といい，（a）空心のもの，または（b）磁心入りのものがあり図記号は **第1.3図**のようになります．

【コンデンサ】

2枚の金属板を狭い間隔で向かいあわせ，その間に絶縁物（空気，紙，マイカなど）を挟んだ部品をコンデンサ（蓄電器）といい，電気を蓄える性質があります．

[1] コンデンサの容量

コンデンサがどのくらいの電気を蓄えられるか，その能力を示す値を静電容量といい，単位はファラド〔F〕です．

[2] コンデンサの直列接続

コンデンサを直列に接続（**第1.4図**）したときの合成静電

第1.4 図　コンデンサの直列接続

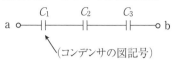

(コンデンサの図記号)

第1.5 図
コンデンサの並列接続

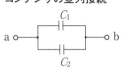

容量Cは，コンデンサが2本の場合なら，

$$C = \frac{C_1 \times C_2}{C_1 + C_2}$$

この式はコンデンサが3本以上の直列接続には使用できません．3本以上の場合は，次の式になります．

$$C = \frac{1}{\dfrac{1}{C_1} + \dfrac{1}{C_2} + \dfrac{1}{C_3}}$$

[3] コンデンサの並列接続

コンデンサを並列接続するとき（**第1.5図**）の合成静電容量Cは，$C = C_1 + C_2$となります．

[4] コンデンサの直並列回路は，まず直列回路の合成静電容量を求めてから並列静電容量の値を加えると簡単に求められます．

[5] コンデンサの特徴

① 直流は流さないが，交流は流す．

② 周波数が高いほど，交流電流はよく流れる．

③ 静電容量が大きいほど，交流電流はよく流れる．

[6] 抵抗とコンデンサの直列，並列接続の計算式の関係

抵抗とコンデンサの直列，並列接続の計算式は，逆の関係になります．

無線工学の参考書

工学基礎

電子回路

送信機

受信機

周波数測定

レーダー

空中線・給電線

電波伝搬

電源

無線測定

計測機器

【抵 抗】

電流の流れをさまたげる部品を抵抗といい，単位はオーム〔Ω〕です．

[1] 抵抗の直列接続

抵抗を直列に接続したとき（**第1.6図**）のab間の合成抵抗（合計の抵抗値）Rは，$R = R_1 + R_2 + R_3$ となります．

[2] 抵抗の並列接続

抵抗を2本並列に接続したとき（**第1.7図**）のab間の合成抵抗Rは，となります．

$$R = \frac{R_1 \times R_2}{R_1 + R_2}$$

この式は抵抗が3本以上の並列接続には使用できません．3本以上の場合は，次の式になります．

$$R = \frac{1}{\dfrac{1}{R_1} + \dfrac{1}{R_2} + \dfrac{1}{R_3}}$$

[3] 抵抗の直並列回路は，まず並列回路の合成抵抗を求めてから直列抵抗の値を加えると簡単に求められます．

[3] オームの法則

電圧をE，電流をI，抵抗をRとすると，次のような関係があります．

第 1.6 図　抵抗の直列接続

a ○─[R_1]─[R_2]─[R_3]─○ b

（抵抗の図記号）

第1.7図　抵抗の並列接続　a ○

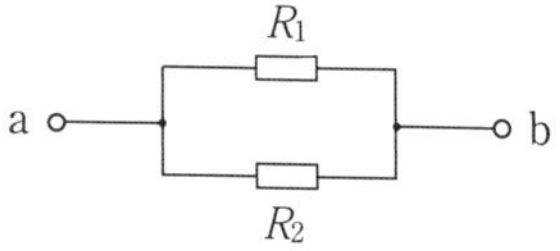

① $E = I \cdot R$

電圧は電流に比例します．抵抗を比例定数と考えます．

② $I = \dfrac{E}{R}$

電流は抵抗に反比例します．抵抗が大きくなるほど電流は流れにくくなります．なお，導線の断面積が小さいほど電流は流れにくいことも覚えておくとよいでしょう．

③ $R = \dfrac{E}{I}$

抵抗は電圧を電流で割ると求めることができます．

[5] 電圧，電流，抵抗の単位

電圧の単位はボルト〔V〕，電流の単位はアンペア〔A〕，抵抗の単位はオーム〔Ω〕です．

[6] 電 力

1秒間に電気がする仕事を電力といい，単位はワット〔W〕です．1〔W〕の1000倍（10^3倍とも書く）を1キロワット〔kW〕といいます．

電力をP，電圧をE，電流をIとすると，次の関係になります．

$$P = E \cdot I$$

ところでオームの法則から$E = I \cdot R$ですから，式に代入して，

無線工学の参考書

工学基礎

電子回路

送信機

受信機

空中線系

レーダー

空中線・給電

電波伝搬

電源

無線測定

試験問題解答

$$P = (I \cdot R)I = I \cdot I \cdot R = I^2 \cdot R$$

これから，電流と抵抗の値がわかれば電力は求まります．また，電力式のIはオームの法則から，

$$I = \frac{E}{R}$$

ですから，式に代入して，

第1.8図 ダイオード

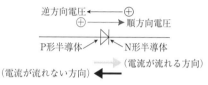

逆方向電圧 ← ⊕
⊕ → 順方向電圧
P形半導体　　N形半導体
（電流が流れる方向）
（電流が流れない方向）

$$P = E = \frac{E}{R} = \frac{E \cdot E}{R} = \frac{E^2}{R}$$

これから，抵抗と電圧の値がわかれば電力が求まります．なお，誤った選択肢として「P＝E／R」のほか，「P＝E2／I」なども出題されています．

【ダイオード】

ダイオードのうち，P形半導体とN形半導体を接合したものを接合ダイオードといいます．**第1.8図**のようにP型半導体にプラスの電圧を加えたときを順方向電圧といいます．整流器や検波器がその例です．一方，N型半導体にプラスの電圧を加える場合を逆方向電圧といいます．バラクタダイオード，定電圧ダイオードなどです．

[1] ダイオードの図記号

第1.9図に各種のダイオードの図記号を示します．それ

159

ぞれのダイオードの性質，用途は[2]から[7]を参照して
ください．

第 1.9 図　各種ダイオードの図記号

| バラクタ
ダイオード | ツェナー
ダイオード | ホトダイオード | 発光ダイオード | トンネル
ダイオード |

[2] バラクタダイオード（可変容量ダイオード）

　シリコン接合ダイオードに逆方向電圧を加えると，PN
間がコンデンサのように静電容量を持つようになります．
このとき，電圧の値を変えると，PN間の静電容量が変化
します．

[3] ツェナーダイオード（定電圧ダイオード）

　シリコン接合ダイオードに逆方向電圧を加えると，あ
る電圧で急に大電流が流れます．この電圧をツェナー電
圧といいます．このような性質のダイオードをツェナー
ダイオードといいます．この特徴を利用して，電源など
の定電圧回路に使用されます．

[4] ホトダイオード

　逆方向電圧を加えたPN接合面に光を当てると光の強さ
の強弱によってダイオードの電流が変化するものをホト
ダイオードといいます．

[5] 発光ダイオード

　ダイオードに流す順方向電流の大きさに応じて発光す
るもので，小型ランプの代わりや数字表示などに利用さ
れています．

[6] トンネルダイオード(エサキダイオード)

半導体の不純物を多くすると，トンネル効果(電圧を高くしたときに電流が少なくなるという現象)が発生します．この性質を利用してマイクロ波の発振器や電子スイッチなどに利用されます．

[7] ガンダイオード

マイクロ波発振器などに使われるダイオードの一種．通常のダイオードがP形半導体とN形半導体から構成されるのに対し，ガンダイオードはN形半導体のみにより構成されます．

物理学者J.B.ガンの名に由来します．(ガンダイオードを表すJIS図記号はありません)

【IC：集積回路】

現代の電子機器で使用する電子回路は，増幅器や演算器などの機能単位ではすでに回路構成が決まっており，わざわざ個別の抵抗やコンデンサ，トランジスタなど個々の部品を組み合わせて回路を組み立てる事は，効率が悪く，コストとサイズがかさばり，故障の原因にもなります．

複雑な回路を小さな1枚の「チップ」にまとめて小型に作り込む技術の成果がIC(Integrated Circuit)集積回路であり，現代の電子機器を支える主要な技術の1つです．ＩＣ内部の配線が短く高周波特性の良い回路が作れるほか，個別の部品を組合わせた回路と比べて信頼性も高く大容量かつ高速な信号処理回路も簡単に作ることができます．

トランジスタの発明に次いで考案されて以降，製造技術

の進歩により急速に性能も向上し，かつプリント基板技術と併せ現代の電子機器には不可欠な存在となっています．

【FET（電界効果トランジスタ）】

接合形トランジスタはベース電流によってコレクタ電流を制御しますが，FETはゲート電圧によってドレイン電流を制御します．FETの図記号を**第1.10図**，構造を**第1.11図**に示します．

第 1.10 図
FET の図記号

〔Nチャネル形〕　　　　〔Pチャネル形〕

第 1.11 図　FET の構造

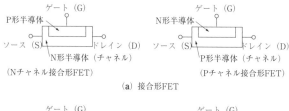

（Nチャネル接合形FET）　　　（Pチャネル接合形FET）

（a）接合形FET

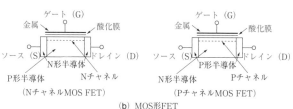

（NチャネルMOS FET）　　　（PチャネルMOS FET）

（b）MOS形FET

• FETの特徴

① 入力インピーダンスが高い.

② 高周波特性が良い.

③ 温度特性が良い.

p.62 問19 FETと接合形トランジスタの電極の働きが対応するものは,「ゲート－ベース」が正解です.

(FET)　　　　(トランジスタ)

ゲート(G)　── ベース(B)

ドレイン(D) ── コレクタ(C)

ソース(S)　── エミッタ(E)

第1.12図　トランジスタに流れる電流の方向

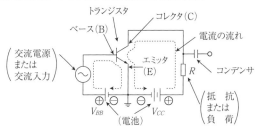

【トランジスタに流れる電流】

トランジスタに流れる電流を**第1.12図**に示します.

$I_E = I_B + I_C$の関係があります. I_BはI_Cに比べて極めて小さく, I_EはI_Cよりわずかに大きい. ベース側は順方向に電流が流れるので, I_BはV_{BE}によって大きく変化します. したがって, p.64 問28 の選択枝のうち, 4の選択肢は誤っており, I_CはI_Bより大きいが正解です.

なお，誤った選択枝として「I_CはI_Bより小さい」のほか，「I_CはV_{CE}によって大きく変化する」なども出題されていますので要注意です．

【NOR素子を用いたデジタル回路】

p.65 問29 の問題図はフリップフロップ回路です．デジタル回路は,，入力と出力の電圧が1または0で表されます．問題図の回路においてセット入力1，リセット入力0のときセット出力1，リセット出力0となります．またセット入力0，リセット入力1のとき，セット出力0，リセット出力1となります．セット入力及びリセット入力がそれぞれ0の時は前の状態が保持されます．

　基本論理回路のシンボルと入出力の関係を表した真理値表を**第1.13図**で示します．

第1.13図　基本論理回路のシンボルと入出力の関係

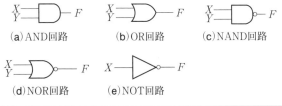

(a)AND回路　　　(b)OR回路　　　(c)NAND回路

(d)NOR回路　　　(e)NOT回路

入力X	入力Y	出力F			
		AND回路	OR回路	NAND回路	NOR回路
1	1	1	1	0	0
1	0	0	1	1	0
0	1	0	1	1	0
0	0	0	0	1	1

2. 電子回路

出題傾向と新問対策

送信機や受信機，通信装置の各部の回路は，トランジスタ，FET，ダイオード，抵抗，コイル，コンデンサなどの部品を組み合わせたものです．

この分野から1問出題されますが，求められる知識は発振・増幅・変調・通信方式に関する概要レベルであり，さほど難しくありません．計算問題の解き方は235ページ参照．

国家試験では，増幅，発振，変調(デジタル含む)，復調(検波)の4つの分野から1問出題されます．変調率を求める計算問題はよく出ますが，掛け算や割り算の簡単なものですから，答えの丸暗記より計算のやり方を覚えたほうが簡単です．

【増　幅】

[1] 増幅器

小さい振幅の信号を，より大きな振幅の信号にする電子回路を増幅回路(または増幅器)といいます．増幅回路の例を**第2.1図**に示します．

[2] トランジスタ増幅器

トランジスタに電流を加えることによって，トランジ

第2.1図　増幅回路

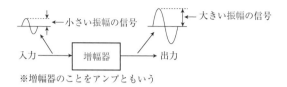

小さい振幅の信号　→　増幅器　→　出力　→　大きい振幅の信号

入力

※増幅器のことをアンプともいう

第2.2図　トランジスタへの電池の接続

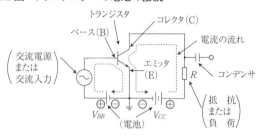

スタは増幅作用をします．これをトランジスタ増幅器といいます．

[3] 電池の極性

トランジスタ増幅器では，電池の接続が重要です．**第2.2図**のように入力側(左)を順方向電圧，出力側(右)を逆方向電圧といい，入力側の電池の極性に対して，出力側の電池の極性は逆になります．

[4] A級増幅，B級増幅，C級増幅

増幅器はベース-エミッタ間に加える電圧(V_{BE}と書く)の大きさによりA級増幅，B級増幅，C級増幅などに分けられます．

第2.3図　A級増幅，B級増幅，C級増幅

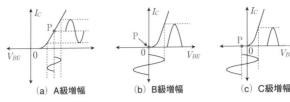

(a) A級増幅　　　(b) B級増幅　　　(c) C級増幅

A級増幅，B級増幅，C級増幅を**第2.3図**に示します．

(a) A級増幅

第2.3図(a) の特性曲線の中央に動作点PがあるものをA級増幅といい，A級増幅器の特徴は，

① 入力信号がないときでも（入力の有無にかかわらず），常に出力電流（コレクタ電流I_C）が流れる．

② 出力側の波形ひずみが少ない．

③ ①のように入力信号がなくても出力電流が常に流れるので，増幅効率が悪い．

(b) B級増幅

第2.3図(b) の特性曲線の下部に動作点PがあるものをB級増幅といい，B級増幅の特徴は，

① 入力信号の正の半周期のときコレクタ電流（I_C）が流れ，負の半周期では流れない．

② A級増幅より増幅の効率が良い．

(c) C級増幅

第2.3図(c) のように動作点Pが，B級増幅よりさらに左にきているものをC級増幅といい，C級増幅の特徴は，

① 入力信号が正の半周期のとき，その一部の間しかコ

レクタ電流が流れない.

② 他の増幅方式のもの(A級増幅, B級増幅)よりも増幅効率が良い.

③ 他の増幅方式のものに比べてひずみが多い.

[5] 増幅効率の比較

増幅効率は入力対出力の比の値で表すことができます.

$$増幅効率 = \frac{出力}{入力}$$

この式から増幅効率と入力とは反比例の関係で, 入力が一番大きいA級増幅が増幅効率が一番悪く, 反対に入力が一番小さいC級増幅が増幅効率が大きいことになります.

増幅効率 = A級増幅 < B級増幅 < C級増幅

C級増幅が一番増幅効率が良く, 送信機の周波数逓倍器はC級増幅を使用しています(送信機の項を参照).

【発 振】

[1] 発振器

減衰してしまう電気振動(高周波振動)を一定の振幅(波の大きさ)のまま持続させる作用を発振といい, この目的のための装置を発振器といいます.

発振器には水晶発振器や自励発振器, 周波数シンセサイザなどがありますが, 現在の無線通信機器のほとんどは水晶発振器, 周波数シンセサイザを使用しています.

[2] 発振器の役割

搬送波を発生する回路を発振器といいます.

[3] 水晶発振器の発振周波数を安定にする方法

① 発振器と後段との結合をできるだけ疎にする
　　……負荷の変動に注意する.

② 水晶発振子を恒温そうに入れる
　　……周囲温度の変化に注意する.

③ 電源電圧の変動をできるだけ小さくする
　　……電源電圧の変動に注意する.

④ 発振出力は最小になるように調整する.

⑤ 発振器の内部雑音の変動は, 周波数変動の原因として最も関係が少ない.

[4] 周波数シンセサイザ

　水晶発振器は周波数は安定ですが固定された周波数しか発振できません. PLL(位相同期回路)を用い水晶発振器同様の安定度で発振周波数が可変できる発振器が周波数シンセサイザです. 周波数シンセサイザの構成例を**第2.4図**に示します.

第2.4図　周波数シンセサイザの構成例

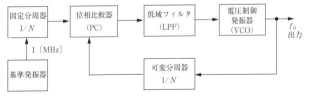

【変 調】

[1] 変調

　高周波(水晶発振器の出力など)を音声信号(音楽や人間の声など)で変化させることを変調といい,高周波を搬送波,変調された高周波を変調波,音声などを信号波といいます.

　変調の方式は大きく分けてアナログ変調,デジタル変調,パルス変調の3つに分類でき,ここではアナログ変調,デジタル変調について説明します.

　アナログ変調の中には,振幅変調(AM),周波数変調(FM),位相変調(PM)の3つがあります.

　デジタル変調の中には,振幅偏移変調(ASK),周波数偏移変調(FSK),位相偏移変調(PSK),直交振幅変調(QAM),直交周波数分割多重変調(OFDMA)の5つがあります.

[2] 振幅変調(略してAM)

　搬送波の振幅を,音声などの信号波の振幅(音の大きさ)に応じて変化させる変調方式を振幅変調といいます.**第2.5図**は振幅変調の代表的なコレクタ変調回路の例です.

第 2.5 図
コレクタ変調回路

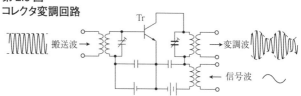

第 2.6 図　振幅変調波と周波数変調波

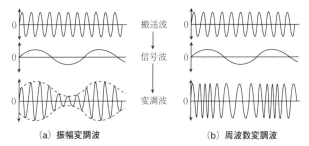

（a）振幅変調波　　　　　　　　　（b）周波数変調波

[3] 周波数変調（略してFM）

　　搬送波の周波数を，音声などの信号波の振幅に応じて変化させる変調方式を周波数変調といいます．振幅変調と比較した周波数変調の変調波を**第2.6図**に示します．

　　AMと比べ帯域幅は広く，装置の回路構成は多少複雑になりますが，振幅性の雑音に強い，受信機出力の信号対雑音比が良いなどの利点があります．

[4] 変調度

　　搬送波と信号波が変調回路で，どのくらいの割り合いになっているかを百分率で表したものを変調度といいます．振幅変調の変調度の式は，搬送波と信号波の比になります．

$$M = \frac{B}{A} \times 100 \, [\%] \quad \cdots\cdots\cdots\cdots\cdots\cdots\cdots\cdots\cdots (2.1)$$

Mは変調度，Aは搬送波，Bは信号波

　　また，オシロスコープにより振幅変調波の波形を観測した場合，Mは変調度，Aは波形の最小値，Bは波形の最大値の比となります．

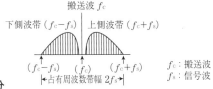

搬送波 f_C

下側波帯 $(f_C - f_S)$　上側波帯 $(f_C + f_S)$

$(f_C - f_S)$　(f_C)　$(f_C + f_S)$

f_C：搬送波
f_S：信号波

|←占有周波数帯幅 $2f_S$→|

第2.7図
DSBの周波数成分

$$M = \frac{A-B}{A+B} \times 100 [\%] \quad \cdots\cdots\cdots\cdots\cdots\cdots (2.2)$$

[5] DSB（両側波帯）の周波数成分

　　搬送波 f_C を信号波 f_S（音声）で振幅変調すると，**第2.7図 (a)** のような3つの周波数成分（周波数スペクトル）となります．このように搬送波（f_C），下側波帯（$f_C - f_S$），上側波帯（$f_C + f_S$）の両側波帯を使用して，音声などの信号を伝送する通信方式をDSBといいます．

（注）電波法令ではDSBをA3Eといいます．

[6] DSBの占有周波数帯幅

　　周波数 f_C の搬送波を周波数 f_S の信号波で振幅変調したときの変調波の占有周波数帯幅は，**第2.7図**のように信号波 f_S の2倍で，$2f_S$ となります．

（注）電波法令ではA3Eの占有周波数帯幅の許容値は6kHzです．

[7] SSB（単側波帯）の周波数成分

　　変調された周波数成分のうち，信号波の伝送に役立つのは，側波帯だけです．つまり側波帯が1つあれば十分です．なお，SSBには3つの種類があります．SSBの種類を**第2.8図**に示します．

　・上側波帯または下側波帯のいずれか一方のみのもの

第2.8図　SSBの種類

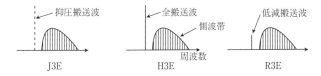

J3E　　　　　　　　　　　　H3E　　　　　　　　　　　　R3E

…J3E

- 上側波帯または下側波帯のいずれか1つと搬送波
  …H3E

- 上側波帯または下側波帯のいずれか1つと搬送波成
  分のエネルギーを減らしたもの…R3E

(注)電波法令ではJ3Eの占有周波数帯幅の許容値はA3Eの半分の3kHzです.

(注)電波の型式(電波法令の項参照)

[8] 電波の型式

- A3E…振幅変調の電話で両側波帯のもの
- J3E…振幅変調の電話で単側波帯の抑圧搬送波のもの
- H3E…振幅変調の電話で単側波帯の全搬送波のもの
- R3E…振幅変調の電話で単側波帯の低減搬送波のもの
- F3E…周波数(または位相)変調の電話

(注)A3EをDSB, J3EをSSB, F3EをFMといいます.

[9] 占有周波数帯幅の比較

- 振幅変調　SSB(J3E)占有周波数帯幅の許容値　　3kHz
- DSB(A3E)占有周波数帯幅の許容値　　　　　　　6kHz
- 周波数変調　FM(F3E)占有周波数帯幅の許容値　40kHz
  音声信号で変調された電波で占有周波数帯幅が最も狭
  いのはSSB波, 広いのはFM波(周波数変調)です.

173

[10] アナログ通信方式と比べたときのデジタル通信方式の
　　特徴
　(1)　アナログ通信の場合は，搬送波にそのままアナログ信
　　　　号を載せるので，雑音の影響を受けやすいが，デジタ
　　　　ル通信の場合は，0，1の判定ができればよく，雑音の
　　　　影響を受けにくい.
　(2)　デジタル通信は，0，1のデータで通信するので，デー
　　　　タの暗号処理などを行うことで復元が難しく秘話性を
　　　　高めることができるほか，受信側でデータの誤り訂正
　　　　処理が可能となる.
　(3)　デジタル通信の場合は，アナログ−デジタル変換処理
　　　　や誤り制御のための処理等信号処理に時間がかかるの
　　　　で，通信上の遅延が生じる.
　(4)　ネットワークやコンピュータとの親和性が良い.
　　　　などの特徴があります.
[11] デジタル変調
　　①　振幅偏移変調（ASK：Amplitude Shift Keying）
　　　　ベースバンド信号（2値信号）の"0"と"1"の振幅を変化
　　　させます. 振幅ノイズやフェージングなどの振幅変化
　　　に弱い特徴があります（**第2.9図**）.
　　②　周波数偏移変調（FSK：Frequency Shift Keying）
　　　　ベースバンド信号（2値信号）の"0"，"1"に応じて搬送
　　　波の周波数を変化させます. 振幅が一定であるため，
　　　振幅変動の影響を受けにくい特徴があります. なお，4
　　　値FSKは1回の変調（1シンボル）で2bit伝送することが
　　　できます（**第2.10図**）.

174

第 2.9 図 ASK 変調

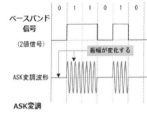

第 2.10 図 FSK 変調

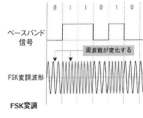

③ 位相偏移変調(PSK: Phase Shift Keying)

第 2.11 図 PSK 変調

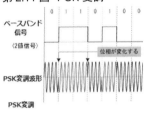

　ベースバンド信号(2値信号)が"0"から"1"へ,"1"から"0"へ変化するときに搬送波の位相を変化させます.振幅が一定であるため,振幅変動の影響を受けにくい特徴があるほか,変化した位相の種類を増やすことにより,変調1回あたりの送信ビット数を増やすことができます(**第2.11図**).

　なお,QPSK(Quadrature Phase Shift Keying)は変調1回当たり4値の情報(2ビット)を伝送することができます.

④ 直交振幅変調(QAM:Quadrature Amplitude Modulation)

　ベースバンド信号(2値信号)の"0", "1"に応じて直交する搬送波の位相と振幅の両方を変化させます.QAMには,1つの搬送波に4段階の振幅変調を行なって一度に16値(4ビット)を送れる16QAM, 8段階の振幅変調で64値(6ビット)を送れる64QAM, 16段階の振幅変調で

256値（8ビット）を送れる256QAMなどがあります．単純な位相変調や振幅変調などに比べ効率良くデータを伝送できますが，ノイズに弱いという特徴があります．

【復 調】

[1] 検波回路

変調された信号（電波）の中から音声信号を取り出すことを復調といい，その回路を検波回路といいます．

[2] DSB波の復調（直線検波器）

出力電圧が入力電圧に比例する（このことを，入力が大きいとき，入力対出力の関係が直線的である，という）ような回路を直線検波といいます．直線検波器には，ダイオードが使用されます．直線検波の特徴は次のとおりです．

- 長所…大きな入力に対してひずみが少ない．忠実度が良い．
- 短所…入力電圧が小さいと出力のひずみが大きくなる．

[3] SSB波の復調（プロダクト検波器）

SSB波は，搬送波が抑圧されているので，AM波の検波器で復調することはできません．このため，プロダクト検波器が用いられます（192ページ参照）．

第2.12図
FM（F3E）の周波数弁別器の特性（S字特性）

[4] FM波の復調（周波数弁別器）

FM波の振幅（波の大きさ）は一定ですから，そのまま検

波しても音声にはなりません．そのため，**第2.12図**のように入力周波数が高くなると出力電圧が大きくなり，入力周波数が低くなると出力電圧が小さくなるような特性を持った周波数弁別器で，周波数の変化を電圧の振幅の変化に変えた後に検波します（194ページ参照）．

【周波数変換】

[1] 周波数変換器

入力周波数を高くしたり，低くしたりするときには，周波数変換器を使用します（**第2.13図参照**）．

第 2.13 図　周波数変換器

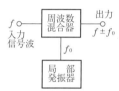

[2] 周波数混合器の出力周波数

周波数fの信号入力と，周波数f_0の局部発振器の出力を周波数混合器で混合したときの出力側の周波数は，$f \pm f_0$となります．このうち，$f + f_0$はSSB送信機で周波数を高くするとき，$f - f_0$はスーパヘテロダイン受信機で中間周波数を作るときに用いられます．

第 2.14 図
動作点 P の位置の違い

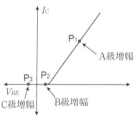

【増幅回路，発振回路，変調回路，検波回路】

[1] 増幅回路

小さい振幅の信号を，より大きな振幅の信号にする回路．

177

[2] 発振回路

　　搬送波を発生する回路.

[3] 変調回路

　　搬送波を, 音声または音楽等によって変化させる回路.

[4] 検波回路

　　変調された信号の中から, 音声信号を取り出す回路.

【DSB電波とSSB電波の周波数成分・方式の特徴】

[1] DSB電波の周波数成分

　　搬送波, 上側波帯, 下側波帯の計3波.

[2] SSB電波の周波数成分

　　上側波帯, 又は下側波帯の1波.

[3] DSB(A3E)方式と比べたSSB方式の特徴

　① 　受信帯域幅が約$\frac{1}{2}$となるので, 雑音が減少する.

　② 　送信出力は信号入力がないと送出されない.

　③ 　送信電力の効率が良い.

　④ 　選択性フエージングの影響を受けることが少ない.

　⑤ 　占有周波数帯幅が狭い.

【占有周波数帯幅の比較】

[1] SSB

　　音声信号で変調された電波で, 占有周波数帯幅が通常最も狭いのは, SSB波.

[2] FM

　　周波数変調された電波の占有周波数帯幅は, 振幅変調の電波の占有周波数帯幅と比べたとき, 広い.

3. 送信機

出題傾向と新問対策

発振器で発生した搬送波を音楽や人間の声などによって変調し，これを希望の周波数，電力まで増幅し，空中線に供給する装置が送信機です．

この分野では1問出題されますがほとんどがAM (DSB)，FMに関する概要的な知識や取扱法が中心です．

この送信機の分野は，DSB送信機，SSB送信機，FM送信機の3つで，この中から1問出題されます．

[1] 送信機の必要条件

送信機から放射された電波は，広範囲に伝わりますから，他の無線局に混信障害を与えたりしないよう，電波の質（周波数の偏差，占有周波数帯幅，高調波の強度）は，電波法令で規定されているものでなければなりません．

そのため送信機が備えなければならない条件は，

①　送信電波の周波数が安定であること

②　送信電波の占有周波数帯幅はできるだけ狭いこと

③　スプリアス発射電力が小さいこと

(注)スプリアス：高調波発射，低調波発射，寄生発射，その他の不必要な妨害電波のこと．

[2] 過変調

変調率が100％を超えていることを過変調といいます．

179

過変調になると，側波帯が広がります(占有周波数帯幅が広がる)．

【プレストークボタン(PTTスイッチ)】

[1] プレストークボタン

　　マイクロホンについている送・受切り替え用の押しボタンスイッチです．

[2] プレストークボタンの操作

　　プレストークボタンを押すと，電子回路もしくはリレーの働きで，アンテナが送信機に接続されて送信状態となります．

【DSB送信機(A3E送信機)】

[1] DSB送信機

　　DSB送信機の構成例を**第3.1図**に示します．

[2] 発振器

　　発射しようとする電波，またはその整数分の1に相当す

第3.1図　DSB送信機の構成図

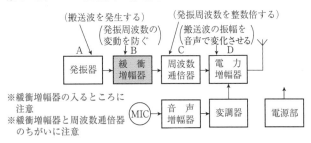

る搬送波を正確，かつ安定に発生します．ここには主として水晶発振器が使用されます．

発振器と後段との結合は疎結合(結合係数が小さいこと)にしないと，不安定になります．

(**a**) 水晶発振器

水晶の原石を薄く切りとった水晶片に電圧を加えると，一定の電気振動を起こします．この水晶発振子を用いた発振器を水晶発振器といいます．水晶の厚さを薄くすればするほど，高い周波数を発振します．しかし，発振周波数が10MHzぐらいより高い水晶発振子は，その厚みが非常に薄くなり，製造がむずかしくなります．

したがって超短波(30MHz以上300MHz以下)の送信機ではC級動作の周波数逓倍器を用いて高い周波数を得ています．

(**b**) 周波数シンセサイザ

水晶発振器は周波数は安定ですが固定された周波数しか発振できません．PLL(位相同期回路)を用い水晶発振器同様の安定度で発振周波数が可変できる発振器が周波数シンセサイザです．

[3] 緩衝増幅器

発振器と周波数逓倍器の間に入っており，後段(周波数逓倍器など)の影響により，発振周波数が変動するのを防ぐため，緩衝地帯の役目をするものです．

[4] 周波数逓倍器

発振器の発振周波数を整数倍して，希望の周波数にします．

整数倍とは，発振周波数を2倍（×2），3倍（×3）にすることです．なお，一度に4倍以上はありません．高い周波数を作るときには，周波数逓倍器を何段かつなぎ，次々と周波数を高めます．

周波数逓倍器の増幅方式はC級です．

[5] 電力増幅器

高周波電力を大きくして，空中線へ送り出す働きをすると同時に，振幅変調波を作る働きもします．

【SSB送信機（J3E送信機）】

[1] SSB通信方式の特徴

① 送信電力が経済的である

…送信電力を片方の側波帯だけに集中できるので，同じ質の通信をする場合，送信電力はDSBより小さい．

② 占有周波数帯幅が狭い…DSBの半分である．

③ 受信機出力の信号対雑音比が良い…雑音が少ない．

欠点：(1) 送信機の回路構成が複雑になる．

(2) 調整がむずかしい．

(3) 音質が多少悪い．

[2] SSB送信機の構成

SSB送信機の構成図を**第3.2図**に示します．国家試験ではDSB送信機と異なる部分が出題されます．

[3] SSB（J3E）の変調（平衡変調器またはリング変調器）

SSB（J3E）の変調のしくみを**第3.3図**に示します．

図のように平衡変調器（またはリング変調器）に信号波f_Sと搬送波f_Cを加えると，出力には搬送波が抑圧された（搬

第3.2図　SSB送信機の構成図

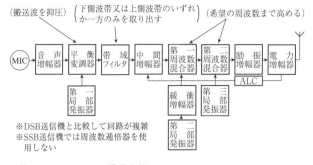

※DSB送信機と比較して回路が複雑
※SSB送信機では周波数逓倍器を使用しない

第3.3図　SSBの信号を作る

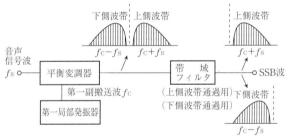

送波を抑えた）上側波帯（$f_C + f_S$）と下側波帯（$f_C - f_S$）が出てきます.

[4] 帯域フィルタ

平衡変調器でできた上側波帯と下側波帯を帯域フィルタに通すと，いずれか一方のみの側波帯となります. 帯域フィルタ（上側波帯通過用）を通ると上側波帯（$f_C + f_S$）だけのSSB波ができます. また，帯域フィルタ（下側波帯通過用）を通ると下側波帯（$f_C - f_S$）だけのSSB波ができます.

183

[5] 周波数混合器

SSB送信機では，DSB送信機やFM送信機と違い周波数混合器で希望の周波数まで高めます．

[6] SSB送信機の付属回路

スピーチクリッパ

SSB送信機では，音声入力に比例して出力が増大するので，強いピーク入力に対して，その部分を切り取って一定レベルに抑え，過変調によるひずみや占有周波数帯幅が広がるのを抑えるために，音声増幅器のあとにスピーチクリッパ回路を入れます．

【FM送信機（F3E送信機）】

[1] FM通信方式の特徴

① 同じ周波数の妨害波があっても，信号波のほうが強ければ妨害波は抑圧される．

② 信号波強度が多少変わっても，受信機出力は変わらない．

③ 雑音の多い場所でも良好な通信ができる．

④ AM通信方式に比べて，受信機出力の音質が良い．
以上のことからFM（F3E）方式は雑音の多い自動車などに搭載される移動局に有利です．

欠点：(1) 占有周波数帯幅が広い．

(2) 信号波強度がある程度以下になると，受信機出力の信号対雑音比が急に悪くなる（雑音が多くなる）．

[2] FM（F3E）送信機の構成

間接FM方式（F3E）送信機の構成を**第3.4図**に，直接FM方式（F3E）送信機の構成図を**第3.5図**に示します．

第3.4図　間接FM方式
（F3E）送信機の構成図

（搬送波の位相を音声で変化させる）
（周波数偏移を大きくする）アンテナ

（音声で周波数偏移が広がるのを防ぐ）

第3.5図　直接FM方式
（F3E）送信機の構成図

（音声周波数偏移が広がるのを防ぐ）
（搬送波の周波数を音声で変化させる）
（目的の周波数に変換する）アンテナ

[3] 位相変調器（周波数変調器）

　音声の振幅に応じて，水晶発振器の出力（搬送波）の周波数を変化させ，FM波（周波数変調波）を作るところで，主としてベクトル合成位相変調器などが使用されます。

[4] 周波数逓倍器

　DSB送信機のように発振周波数を整数倍するだけでなく，周波数変調器で作られたFM波の周波数偏移を大きくする目的を持っています。

　FM波の占有周波数帯幅は次の式で計算できます。

　FM波の占有周波数帯幅＝（最大周波数偏移＋最高周波数）×2

　上の式を見ればわかるように，あまり周波数偏移を大きくすると，電波法令で規定された占有周波数帯幅より広がってしまいます。

（注）FM波は，信号波の振幅に応じて，搬送波の周波数が変化します。その周波数の変化の大きさを周波数偏移といいます。

[5] IDC回路（瞬時周波数偏移制御回路）

　FM送信機では，大きな音声がマイクロホンに入ると，瞬間的に周波数偏移が広がってしまいます。

　IDC回路は，音声増幅器のあとに入れて，大きな音声

第3.6図　変調波形の比較

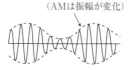

（AMは振幅が変化）

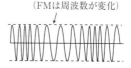

（FMは周波数が変化）

(a) AM（A3E）の変調波　　(b) 直接FM方式（F3E）の変調波

信号が入力に加わっても一定の周波数偏移内に収める働きをします.

【DSB送信機，SSB送信機，FM送信機の比較】

[1] DSB送信機とSSB送信機の比較

　　DSB（A3E）送信機…搬送波，上側波帯及び下側波帯を使用します. SSB（J3E）送信機…上側波帯または下側波帯のいずれか一方のみを使用します.

[2] DSB送信機とFM送信機の変調波の比較

　　DSB送信機とFM送信機の変調波の比較を**第3.6図**に示します.

　　DSB（A3E）送信機…音声信号で変調された搬送波は，振幅が変化しています. FM（F3E）送信機…音声信号で変調された搬送波は，周波数が変化しています.

[3] 変調回路の比較

　DSB送信機 …コレクタ変調回路，プレート変調回路

　SSB送信機 …平衡変調器，リング変調器

　FM送信機 …周波数変調器，位相変調器

4. 受信機

出題傾向と新問対策

受信機は，空間を伝わってくる電波の中から希望する電波だけを選び出し，その中に含まれている音声などを取り出す装置です．

この分野では1問出題されますが，ほとんどがAM（DSB）受信機，SSB受信機，FM受信機に関する概要的な知識や取扱法が中心です．

【無線受信機の性能】

[1] 感 度

どれだけ弱い電波まで受信できるかの能力．

[2] 選択度

周波数の異なる数多くの電波の中から，他の電波の混信を受けないで，目的とする電波を選び出す能力．

[3] 安定度

受信機で一定の周波数と一定の強さの電波を受信したとき，再調整しないでどれだけ長時間にわたって一定の出力が得られるかの能力．

[4] 忠実度

送信側から送られた信号が受信機の出力側でどれだけ忠実に再現できるかの能力．了解度ともいう．

【スーパヘテロダイン受信機】

　普通の受信機は，決まった1つの周波数だけを受信するのではなく，かなり広い範囲の周波数を受信できるようになっています．しかし，広範囲の周波数を一様に，能率良く増幅するのはむずかしいことです．

　スーパヘテロダイン方式は，この問題を解決したもので，受信した周波数をそれより低い一定の周波数（これを中間周波数という）に変えてから増幅します．このようにすると，一定の周波数だけを増幅すればよいので，性能のすぐれた受信機を作ることができます．

　現代では，受信機といえばスーパヘテロダインを指すようになっています．

【DSB受信機（A3E受信機）】

[1] DSB受信機の構成

　DSB受信機の構成図を**第4.1図**に示します．

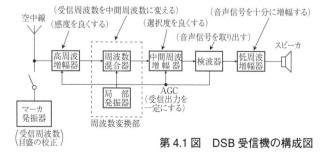

第 4.1 図　DSB 受信機の構成図

[2] 高周波増幅器

スーパヘテロダイン受信機の高周波増幅器の目的は次のとおりです.

① 高周波を増幅し，受信感度を良くする.

② 周波数変換部で発生する雑音の影響が少なくなるために信号対雑音比が改善される（雑音が少なくなる）.

③ 周波数変換部にある局部発振器から発生するスプリアス（高調波などの妨害波のこと）がアンテナから電波となって放射することを防ぐ.

④ 影像周波数混信に対する選択度を良くする.

[3] 周波数変換部

スーパヘテロダイン受信機の周波数変換部の目的は次のとおりです.

① 受信周波数と局部発振周波数を混合して，受信周波数を中間周波数に変える.

② 局部発振器で必要な条件は，スプリアス成分（高調波など）が少ないこと.

[4] 中間周波増幅器

スーパヘテロダイン受信機の中間周波増幅器の目的は次のとおりです.

① 中間周波数を増幅して，選択度と利得を向上させる.

② 中間周波増幅器では，一般的に入力信号周波数と局部発振周波数の差の周波数が増幅される.

[5] 検波器（直線検波器）

検波器の働きは中間周波出力の信号（変調された信号）から音声信号を取り出すところです.

DSB受信機に直線検波器が使用されるのは、大きな中間周波出力電圧を検波器に加えることができるからです。これにより、大きな入力に対してひずみを少なくし、忠実度を良くします(175ページ参照)。

[6] 低周波増幅器

スーパヘテロダイン受信機の低周波増幅器の働きは、音声信号を十分な電力まで増幅することです。

[7] DSB受信機の付属回路

AGC回路(自動利得制御回路)

フェージングなどにより受信電波が時間とともに変化する場合、電波が強くなったときには受信機の利得を下げ、また、電波が弱くなったときには利得を上げて、受信機の出力を一定に保つ働きをする回路をAGCといいます。

(注)フェージングとは、電離層波を受信する場合、電離層の状態が時間とともに変化したり、あるいは伝搬経路の異なる電波の干渉などによって、受信信号が大きくなったり、小さくなったりする現象をいいます。
(注)利得とは、出力と入力との比の値で増幅度ともいいます。

【混 信】

[1] 影像周波数混信

スーパヘテロダイン受信機には、影像周波数混信という独特の混信があります。これは、受信周波数が中間周波数の2倍だけ高いか、または低い周波数で受信されて生じる混信です。影像周波数混信を軽減する方法は、

① 中間周波数を高くする。

② 高周波増幅部の選択度を高くする。

③ アンテナ回路にウェーブトラップを挿入する.

[2] 近接周波数による混信

中間周波増幅部の中間周波変成器(IFT)の調整が崩れると帯域幅が広がり，近接周波数による混信を受けやすくなります.

これを防ぐには，中間周波増幅部にクリスタルフィルタやメカニカルフィルタなど適切な特性の帯域フィルタ(BPF)を用いて，帯域幅を狭くします.

[3] 外来雑音による混信

無線受信機のスピーカから大きな雑音が出ているとき，これが外来雑音によるものかどうかを確かめるには，受信機のアンテナ端子とアース端子を導線でつなぎます.

このようにした場合，雑音が消えれば外部の雑音，消えなければ受信機内部で発生している雑音です.

(注)外来雑音には，高周波ミシン，電気溶接器，自動車のスパークプラグ，電気ドリル，電気バリカン，LED照明(街灯)などがあります.

【SSB受信機(J3E受信機)】

SSB(J3E)電波は，そのままでは検波できませんので，受信機の中で搬送波と同じ周波数を作って，SSB電波と混ぜ合わせてから検波しなければなりません. このための周波数を作る発振器があること，選択度を良くするための帯域フィルタがあることが，DSB受信機と違う部分です.

[1] SSB受信機の構成

SSB受信機の構成図を**第4.2図**に示します. 国家試験ではDSB受信機と違う部分が出題されます.

第 4.2 図　SSB 受信機の構成図

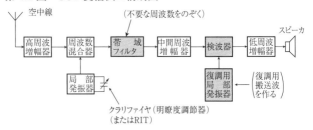

[2] 帯域フィルタ

SSB波は占有周波数帯幅が狭いので，中間周波変成器
(IFT)による選択度では不十分なため，帯域フィルタを用
いて不要な周波数を除いています．

[3] 検波器(プロダクト検波器)

SSB波は搬送波が抑圧されているので，DSB用検波器
では検波できません．このため検波器にSSB波と復調用局
部発振器の出力を加えて検波しています．

[4] 復調用局部発振器

送信機側で抑圧された搬送波周波数に相当する復調用
搬送波を作るところです．この発振周波数を検波器に加
えて復調します．

[5] SSB受信機の付属回路

(a) クラリファイヤまたはRIT(明瞭度調整器)

SSB波を受信する場合，受信機の局部発振器が送信側
の搬送波の周波数と正確に合っていないと，受信信号の
明瞭度が悪くなります．そのため，受信機の局部発振器
に小容量のバリコンを入れ，パネル面で発振周波数を変

第4.3図　FM受信機の構成図

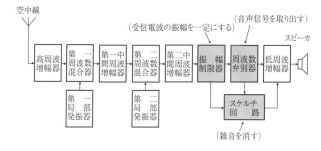

空中線

（受信電波の振幅を一定にする）　（音声信号を取り出す）

スピーカ

高周波増幅器 → 第一周波数混合器 → 第一中間周波増幅器 → 第二周波数混合器 → 第二中間周波増幅器 → 振幅制限器 → 周波数弁別器 → 低周波増幅器

第一局部発振器

第二局部発振器

スケルチ回路

（雑音を消す）

化できるようにしてあります．このバリコンをクラリファイヤまたはRIT（明瞭度調整器）といいます．

（**b**）トーン発振器

　クラリファイヤの調整を容易にするために，1.5kHzの周波数を低周波増幅器に加えるための発振器です．

【FM受信機（F3E受信機）】

　FM受信機がDSB受信機と違う部分は，振幅制限器とスケルチ回路で，検波器として周波数弁別器が用いられていることです．

　なお，誤った選択肢として，「2乗検波器」，「直線検波器」，「A9C回路」などが出題されているので，注意が必要です．

[1] FM受信機の構成

　FM受信機の構成図を**第4.3図**に示します．国家試験では，DSB受信機，SSB受信機と異なる部分が出題されます．

[2] 振幅制限器

　FM波は，搬送波の周波数が変化していますが，振幅は変化していません．しかし，FM波が空間を伝わってくる間に，いろいろな影響で振幅が変化してしまいます．

　振幅制限器は，受信電波の振幅を一定にして，振幅変調成分(雑音成分のこと)を取り除く働きをします．

　振幅制限器の振幅制限作用が不十分になると，受信機出力の信号対雑音比が低下します(スピーカから雑音が出るということ)．

[3] 周波数弁別器(FM波の復調)

　受信電波の周波数の変化を振幅の変化になおし，信号波を取り出す働きをするのが周波数弁別器です．

[4] スケルチ回路

　受信入力信号がなくなると，低周波出力に雑音が現れるので，この雑音を消すための回路をスケルチといいます．

[5] スケルチの調整

　スケルチは前面パネルで調整できるようになっており，受信機の音量調整のつまみを適当にして雑音を出しておき，次にスケルチの調整つまみを回して，雑音が急になくなる限界付近の位置にします．つまみを回し過ぎた状態にしておくと，電波が入感しても受信できない場合があります．

　また，受信中に相手局の電波が弱くなった場合(自動車などの移動運用の場合など)は，スケルチのつまみを再度調整します．

【復調器(検波器)の比較】

DSB受信機,SSB受信機,FM受信機は変調された信号(電波)の中から音声信号を取り出す回路が異なります.

復調器(検波器)の比較を**第4.4図**に示します.

(**a**) DSB受信機 …直線検波器

(**b**) SSB受信機 …プロダクト検波器

(**c**) FM受信機 …周波数弁別器

(注)DSB受信機,SSB受信機,FM受信機の復調器のうち,FM受信機のみは,検波器の名称を使用しません.

(注)DSB受信機,SSB受信機,FM受信機とも,復調器の入る位置は低周波増幅器の前になります.

第4.4図　復調器(検波器)の比較

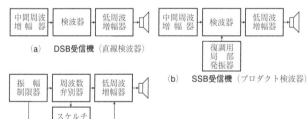

(a)　　DSB受信機(直線検波器)

(b)　　SSB受信機(プロダクト検波器)

(c)　　FM受信機(周波数弁別器)

工学基礎
電子回路
送信機
受信機
送信装置
レーダー
空中線・給電線
電波伝搬
電源
無線測定
点検測定法

195

5. 送受信方式・装置

出題傾向と新問対策

　無線局を運用する場合，送信機や受信機に関する基礎知識のほかに実際に使用するHF，VHF，UHF送受信装置や制御器，衛星送受信装置などの無線通信機器の概要や簡単な要素技術に関する問題です.

　各無線通信機器の取り扱いについて熟知しておく必要があります. この分野では2問出題されますが，ほとんどがこれらの無線通信機器に関する概要的な知識や取扱法が中心です.

【VSAT(Very Small Aperture Terminal)】

　VSATは，陸上に開設する通信衛星用の超小型地球局です.

　直径5〜10mのアンテナを持つVSAT制御地球局（親局またはHUB局）と通信衛星，および各地に散在する直径または長径2.4m以下（絶対利得50dBi以下）のアンテナを持ち，親局により送信の制御が行われるVSAT（子局）との間でネットワークを組み，データ，ファクシミリ，音声，画像伝送などを行うことができます.

　VSAT制御地球局には，電気通信事業者が特定多数のユーザーに施設を提供して共同利用する場合と，単独に

第5.1図　VSATシステムの概念図

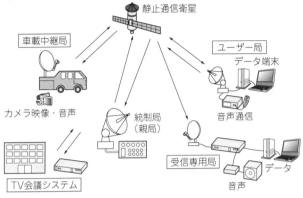

企業が所有する場合とがあります.

　ネットワークのシステムとしては,親局から多数の受信専用子局へ画像,データを送る片方向タイプ,子局間で音声・データなどと相互に通信を行うタイプ,親局と子局あるいは親局を介して子局同士が相互に音声・データなどの双方向通信を行う多数の子局からなる双方向タイプがあります.

　VSATシステムでは,送受信装置には高電力増幅器と低雑音増幅器が使用されており,上り14.0〜14.4GHz,下り12.5〜12.75GHzの周波数を使用します.

　VSATシステムの概念図を**第5.1図**に示します.

　国家試験では,「伝送情報はパケットのみ」,「使用電波は1.6GHz帯と1.5GHz帯」,「使用衛星はインマルサット」など誤りの選択肢があるので注意が必要です.

【FM(F3E)送受信装置の取扱法】

[1] プレストークボタン

　送受信装置の送信機へコネクタで接続されているマイクロホンに付属の送・受切り替え用の押しボタンスイッチでPTTスイッチとも呼びます.

[2] プレストークボタンの操作

　プレストークボタンを押すと，電子回路もしくはリレーの働きで，アンテナが送信機に接続されて送信状態となります. 電波が発射されない場合は，送話器のコネクタの接続，周波数切り替えスイッチ，アンテナの接続状態などを確認します.

[3] スケルチ回路

　受信入力信号がなくなると，低周波出力に雑音が現れます. この雑音を消すための回路をスケルチといいます.

[4] スケルチの調整

　スケルチは受信機の前面パネルで調整できるようになっており，受信機の音量調整のつまみを適当にして雑音を出しておき，次にスケルチの調整つまみを回して，雑音が急になくなる限界付近の位置にします. つまみを回し過ぎた状態にしておくと，電波が入感しても受信できない場合があります.

　また，受信中に相手局の電波が弱くなった場合(自動車などの移動運用の場合など)は，スケルチのつまみを再度調整します.

[5] 制御器

　制御器は，遠隔操作に切り替えることにより，送受信機を離れた場所から操作するため用いられます．車載局では車内に制御器を取り付け送受信機はトランクに設置することができます．基地局などでは通信所に制御器を設置して送受信所に送受信機を設置することにより離れた場所から送受信機を操作することができます．

【衛星通信の特徴】

　現在ほとんどの通信衛星は静止軌道または準静止軌道を用いていますが，最近は低軌道や中軌道にある多数の人工衛星との間の通信により協調動作させる衛星通信システムもあります．

　静止衛星通信の特徴は以下のとおりです．国家試験では選択肢[1]小さい，選択肢[2]夏至・冬至，選択肢[5]円形極軌道，極軌道，[6]ダウンリンク・アップリンクなど，逆の記述または違う記述があるので注意が必要です．

[1] 使用周波数が高くなると降雨による影響が大きくなる．

[2] 衛星の太陽電池の機能が停止する食は，春分及び秋分の時期に発生する．

[3] 衛星を見通せる2点間の通信は常時行うことができる．

[4] 多元接続が容易なので，柔軟な回線設定ができる．

[5] 衛星の軌道は，赤道上空の円軌道である．

[6] 地球局から衛星局への回線をアップリンクといい，衛星局から地球局への回線をダウンリンクという．

[7] 地上での自然災害の影響を受けにくい．

第5.2図　PCM方式送受信設備の構成

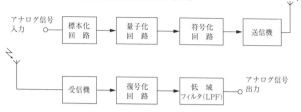

【衛星地球局設備】

[1] アンテナには指向性の鋭いアンテナを用いる.

[2] 受信機の初段には低雑音増幅器が用いられる.

[3] 送信機は高出力増幅器が望ましいが, 実効輻射電力は
規定値内にしなければならない.

【デジタル伝送路の誤り訂正について】

デジタル伝送路の信号は, ノイズやタイミングのズレな
どの影響で, データを正しく伝送できないことがありま
す. これを「伝送誤り」や「伝送エラー」といいます. 伝送
誤りがあると, 送られたデータはは破損してしまいます.
正しくデータを送るためには, 伝送誤りを検出したり,
訂正する必要があります. これらの伝送誤りを検出した
り, 訂正したりすることを「誤り制御」と呼びます. この
ため誤りを訂正するため, 送信側においてデジタル信号
を適切に冗長なビットを付加します.

【バースト誤りについて】

バースト誤りは，部分的に集中して発生する誤りであり，一般的にマルチパスフェージングなどにより引き起こされます．バースト誤りの対策の一つとして，送信側において送信する符号の順序の入れ替えを行い，受信側で需品符号を並び替えて元の順序に戻すことによりバースト誤りの影響を軽減する方法があります．

【PCM方式送受信設備】

PCM（Pluse Code Modulation）はパルス符号変調と呼ばれ，一定時間間隔で音声などのアナログ信号の振幅を取り出し標本化したのち量子化してデジタル信号に符号化し変調する方式です．PCM方式の送信装置及び受信装置の構成を**第5.2図**に示します．標本化回路，符号化回路（符号器）は送信装置に，複号化回路（複号器）は受信装置に用いられます．なお，構成図の穴埋め問題では標本化回路，量子化回路に□□□が設定されている例が多いです．

【受信に障害を与える電波雑音】

無線受信機の受信に障害を与える電波雑音の原因として次のようなものがあります．なお，電源の電圧が低下しても電波雑音が発生することはありません．

[1] 発電機やモーターのブラシの火花など外来から発生する雑音（電気ドリル，電気バリカンなどのほか高周波ミシン，

電気溶接機，自動車のスパークプラグなども原因となります）.

[2] 受信給電線のコネクタのゆるみ.

[3] 接地点の接触不良.

【多元接続方式】

多元接続方式は，1つの通信路やネットワークを複数の通信主体が共有して通信することに用いられる通信方式です．電波を用いた無線通信において同一の周波数帯を複数で共用するための技術を指します．

[1] TDMA（Time Division Multiple Access）

時分割多元接続 /時分割多重アクセス

同一の通信路を複数の通信主体で混信することなく 共用するための多元接続（多重アクセス）技術の1つで，時間的に伝送路を分割して複数の主体で同時に通信する方式です．

TDMA方式の概念図を**第5.3図**に示します．

[2] FDMA（Frequency Division Multiple Access）

周波数分割多元接続/周波数分割多重アクセス

同一の通信路を複数の通信主体で混信することなく 共用するための多元接続（多重アクセス）技術の1つです．

電波などの周波数帯を分割して複数の主体に個別に使用チャネルを極めて短い時間（タイムスロット）に割り当て，同時に通信する方式です．各チャネル間にはガードバンドを設けています．

第5.3図　TDMA方式の概念図

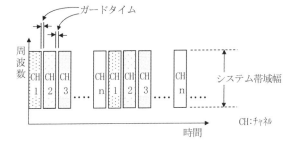

[3] CDMA（Code Division Multiple Access）
符号分割多元接続 / 符号分割多重アクセス

同一の通信路を複数の通信主体で混信することなく 共用するための多元接続（多重アクセス）技術の1つで，送信データにそれぞれが異なるコード（ビットパターン）を掛け合わせることで，複数の主体で同時に通信する方式です．携帯電話の多元接続方式として広く普及しています．

[4] OFDMA（Orthogonal Frequency Division Multiple Access）
直交周波数分割多重接続/直交周波数分割多重アクセス

同一の通信路を複数の通信主体で混信することなく 共用するための多元接続（多重アクセス）技術の1つで，1つの周波数帯に位相が直交するように分割した多数の搬送波（サブキャリア）を詰め込んでデータ伝送するOFDM方式をベースに複数ユーザーでサブチャネルを共有し，より柔軟なサービス提供ができます．

LTEやモバイルWiMAXに採用されています．

6. レーダー

出題傾向と新問対策

レーダー(Radar)とは，電波を物標に向けて発射し，帰ってきた反射波を測定することにより，物標までの距離や方向または速度を測る装置です.

この分野では1問出題されますが，レーダーに関する概要的な知識や取扱法が中心です.

【レーダー】

可視光より波長が長い電波を使用することから，雲や霧を通して，遠くの目標を探知することができます. 一般的にレーダーはパルスレーダーですが，持続波を用いたものもあります. 通常，送・受アンテナと送信機・受信機および指示器から構成されています.

レーダーに用いられる周波数は，次の理由によりマイクロ波帯の周波数であるSHF(3〜30GHz)が用いられます. ただし，マイクロ波帯は降雨減衰が大きいので，豪雨や豪雪時には小さな物標からの反射する電波が減衰して物標を見分けられなくなることがあります.

[1] 波長が短いので，小さな物標からでも反射がある.

[2] アンテナを小型にでき尖鋭なビームを得ることが容易である.

[3] 空電の影響を受けることが少ない.

【レーダー受信機の雑音】

　レーダーで使われているマイクロ波は空電や電気器具,電動機などによる人工的な外部雑音による影響は少ないので,レーダー受信機の性能に対して最も大きい雑音は受信機の内部雑音(熱雑音)です.

【パルスレーダーの特徴】

　パルスレーダーの最小探知距離に最も影響を与えるのがパルス幅です.パルスレーダーは鋭い指向性を持つアンテナから電波を放射し,放射電波が物標に当たり反射して返ってくる電波を受信し,電波の往復時間から距離を,アンテナの向きから物標の方位を測定する装置です.

　最小探知距離は近くの物標を探知することができる最小の距離のことをいいます.パルスレーダーの最小探知距離を小さく(機能を向上)させるためにはパルス幅を狭くします.

　パルスレーダーの構成図を**第6.1図**に示します.

[1] 信号処理部からのトリガー信号を元に,送受信部の変調部で作られたパルス電圧でマグネトロンを制御し,強力なマイクロ波を発生させます.マイクロ波は導波管を伝ってアンテナまで送られ,アンテナの輻射面から一定方向へ発射されます.

[2] 発射されたマイクロ波は伝搬路上をまっすぐに進行します.途中,マイクロ波は物標にあたり,その一部分が

第 6.1 図　パルスレーダーの回路構成

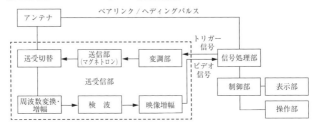

反射波として元のアンテナまで返ってきます.

[3] アンテナで受信されたマイクロ波は，周波数変換，信号の増幅，ビデオ検波などの各回路を通過し，ビデオ増幅された後，アンテナ部内で信号処理を行い，デジタル信号として制御部に送り込まれます.

[4] 制御部に送り込まれたレーダーの信号は，接続された他の計器の情報とともに，ディスプレイに表示するための映像に変換され，ユーザーにとって見やすい形でディスプレイ上に表示されます.

[5] パルスレーダーの送信部で使用されている送信用発振管は一般的にマグネトロン(磁電管)です. マグネトロンは陰極と陽極を持ち，永久磁石による強力な磁力を加えて振動を起こし動作させる電子管です.

　陽極の空洞共振器の寸法で決まる周波数の電波を発振させることができ，レーダーのほか，電子レンジにも用いられています.

　なお，国家試験では誤りの選択肢にクライストロン，進

行波管，ブラウン管が出題されていますので，注意が必要です．クライストロンや進行波管（TWT）は持続波を用いたマイクロ波の発振・増幅に用いられ，ブラウン管（CRT）はテレビやオシロスコープの画面に用いられています．

【パルスレーダーの性能】

パルスレーダーの性能を表すものとしては，次のとおり4つ挙げられます．

[1] 最小探知距離

レーダー画面の上で自局からの距離を測定し得る最小の距離のことをいいます．これはレーダーのパルス幅，アンテナの垂直方向指向性などで決まります．最小探知距離を小さくするにはパルス幅を狭くします．

[2] 最大探知距離

反射波を受信し探知できるレーダーから物標までの最大の距離をいいます．レーダーの最大探知距離を大きくするにはパルス幅を大きく（広く）しパルス繰り返し周波数を小さく（低く）します．

送信電力を大きくする，アンテナ高を高くする，アンテナ利得を大きくするなどの方法がありますが，最大探知距離は送信電力Pの四乗根に比例しますので，レーダー装置の最大探知距離を大きくする条件として，送信電力を大きくすることは比較的効率が悪くなります．

最大探知距離はアンテナ利得Gの平方根に比例しますので，送信電力を大きくするよりアンテナ利得を大きくする方が効率が良いといえます．

[3] 距離分解能

　　レーダーから等方向にある距離の異なる物標を，画面
で2つの物標として識別することができる2物標間の最小
距離のことをいいます．距離分解能は送信パルス幅によ
って大きく左右されます．

　　送信パルス幅が小さい(狭い)ときは送信電力そのもの
は小さいですが，距離分解能が良く，逆にパルス幅が大
きい(広い)くなると送信電力は大きくなり最大探知距離
は良く(長く)なりますが，距離分解能と最小探知距離が
悪くなってしまいます．

　　パルス幅はこのように距離分解能と最大探知距離に影
響しますので，探知レンジに応じて自動的にパルス幅が
切り換わるようになっています．

[4] 方位分解能

　　レーダーから等距離にある近接した方位の異なる2つの
物標が識別できる限界の能力を最小方位差といいます．
ビーム幅の狭いシャープな特性のアンテナをもつレーダ
ーほど方位分解能は良いということになります．　なお，
方位分解能はパルス幅を変えても変わりません．

【レーダーで測定誤差を少なくするための操作】

　　レーダーで物標をまでの距離を測定する場合，**第6.2図**
に示すように物標映像のスコープ中心側の外郭にある可
変距離目盛の外端を接触させて読み取ります．

第 6.2 図　可変距離目盛の
使用方法

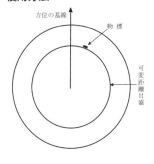

第 6.3 図　パルスレーダーの
パルス波形の例

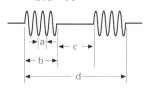

第 6.4 図　レーダーの表示画面

【パルスレーダーの波形】

　パルスレーダーのパルス波形を**第6.3図**に示します．同図の**a**は電波の周期，**b**はパルスの幅，**c**はパルスの間隔を表わし，**b+c**はパルスの周期を表します．

【レーダーの表示画面】

　レーダーの表示画面に表示されたスイープが回転しない場合，原因としてアンテナの駆動電動機の故障が考えられます．**第6.4図**にレーダーの表示画面を示します．表示画面のスイープはレーダーの指向性アンテナの回転と同期して回転します．なお，掃引発振器や掃引増幅器の不良または偏向コイルの断線などの場合は，**第6.4図**の表示画面の輝線は表示されません．

【持続波レーダーの特徴】

　放射する電波がパルスではなく，持続波と呼ばれる継続的に発信される電波を使用するレーダーのことをいいます．放射した電波が物標に当たり反射して返ってくる電波を受信し，ドップラー効果による送信波と受信波の周波数差が物標の速度に比例することを利用して相対的な速度を測定する速度計測用レーダーとして自動車やゴルフのボールなど移動する物標の速度測定用として使われています．またレーダーに使用する持続波に適切なFM変調を施すことにより，物標との距離をより正確に測定することもできます．

【速度測定用レーダー】

　速度測定用レーダーはドップラーレーダーとも呼ばれ，持続電波を発射し，ドップラー効果を利用して移動する物標の速度を計測します．速度がv〔m/s〕で走行する物標が進行する方向に対して正面の位置から周波数f〔Hz〕の電波を放射すると，物標から反射された受信電波の周波数が偏移（変化）します．これをドップラー効果といいます．

　このとき偏移した周波数f_d〔Hz〕は，電波の速度をC〔m/s〕とすると，次式で表すことができます．

$$f_d = \frac{2_v f_0}{C} \text{〔Hz〕} \quad C : \text{光速 } 3 \times 10^8 \text{〔m/s〕（毎秒30万km）}$$

　偏移した周波数は速度に比例するため，周波数の偏移を測定することで，物標の速度を測定することができます．

7. 空中線・給電線

出題傾向と新問対策

送信機からの高周波エネルギーを電波として空間に放射したり，その反対に，空間を伝わってくる電波から，高周波エネルギーを取り出す装置をアンテナ(空中線)といいます．アンテナと送信機(または受信機)を接続する導線が給電線(フィーダ)です．

この分野で1問出題されますが，原理や理論の知識までは求められず，各アンテナや給電線の概要や特徴に関する設問になっています．計算問題の解き方は237ページ参照．

出題されるアンテナの種類は，ダイポールアンテナ，ブラウンアンテナ，スリーブアンテナ，ホイップアンテナ($\frac{1}{4}$波長垂直設置アンテナ)，八木・宇田アンテナ，パラボラアンテナの6種類です．給電線は導波管線路，同軸線路などです．

【波長と周波数】

電波の伝わる速さ C を周波数 f で割ったものを電波の波長 λ (ラムダ・ギリシャ文字)といいます．

$$\lambda = \frac{C}{f} = \lambda = \frac{3 \times 10^8}{f \text{〔Hz〕}} = \frac{300}{f \text{〔MHz〕}} \text{〔m〕}$$

電波の伝わる速さC(空気中，または真空のとき)は1秒間に，$3×10^8$〔m/s〕(毎秒30万km)です．

なお音波は，1秒間に約340〔m〕ですから，電波は光と同じで大変速い速度です．

【ホイップアンテナ($\frac{1}{4}$波長垂直接地アンテナ)】

一端を大地に接地して垂直に立てたアンテナで，アンテナの長さが，使用波長の$\frac{1}{4}$のときが最も効率が良くなります．電流分布はアンテナが大地に接する底部で最大，先端で零ととなるので，接地抵抗が小さいと効率が良くなります．垂直偏波で使用し，水平面指向性はアンテナを中心とした円となります．これを全方向性または無指向性(どの方向の電波も受信できる)といいます．このことから，一般的に陸上を移動する無線局が通常の通信に使うアンテナとして使われています．

ホイップアンテナ($\frac{1}{4}$波長垂直接地アンテナ)の電流分布と水平面指向特性を**第7.1図**に示します．

【水平半波長ダイポールアンテナ】

水平半波長ダイポールアンテナは$\frac{1}{4}$波長の導線を2本配

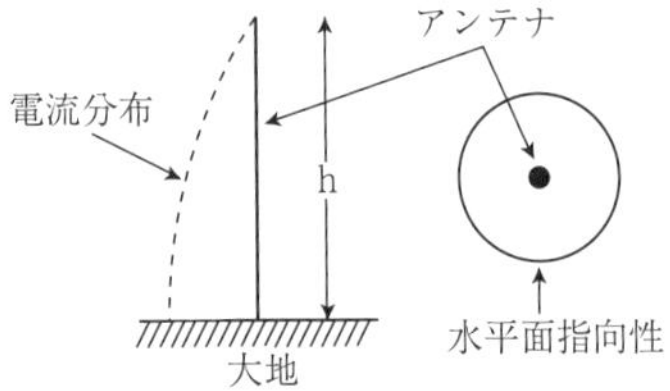

電流分布

アンテナ

h

大地

水平面指向性

第 7.1 図
ホイップアンテナ($\frac{1}{4}$波長垂直接地アンテナ)の電流分布と水平面指向特性

第7.2図　水平半波長ダイポールアンテナの電流分布と水平面指向特性

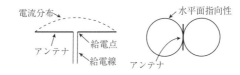

置し（全体で$\frac{1}{2}$波長），中央から給電したものです．水平偏波で使用し，指向性は水平面で8字形となり，アンテナに直角方向の電波が一番良く送受信できます．

　電流分布は中央部（給電部）が最大となります．なお，大地に垂直に立てたものを垂直半波長ダイポールアンテナといい，垂直偏波で使用し指向性は$\frac{1}{4}$波長垂直接地アンテナと同じ水平面全方向性（無指向性）となります．

　水平半波長ダイポールアンテナの電流分布と水平面指向特性を**第7.2図**に示します．

【ブラウンアンテナ】

　同軸ケーブルの中心導線を$\frac{1}{4}$波長のばし，外部導体の端に$\frac{1}{4}$波長の導体を4本（これを地線という），大地に平行に放射状につけたアンテナをブラウンアンテナといいます．

　地線が大地の働きをして，$\frac{1}{4}$波長垂直接地アンテナとして働き，垂直偏波で使用し水平面内指向性は全方向性（無指向性）です．

　ブラウンアンテナの構造を**第7.3図**に示します．

　例えば150〔MHz〕帯のブラウンアンテナの放射器の長さ

213

第7.3図　ブラウンアンテナの構造

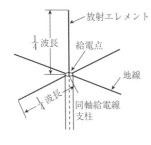

放射エレメント

$\frac{1}{4}$波長

給電点

地線

$\frac{1}{4}$波長

同軸給電線
支柱

**第7.4図
スリーブアンテナ**

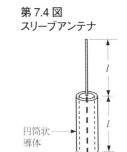

l

l

円筒状
導体

同軸
ケーブル

は，$\lambda = \dfrac{C}{f} = \dfrac{300}{150〔\mathrm{MHz}〕} = 2〔\mathrm{m}〕$　で求められます．ブラウンアンテナの放射器は $\lambda/4$ ですから，$2〔\mathrm{m}〕 \div 4 = 0.5〔\mathrm{m}〕$ となります．

λ：波長〔m〕，C：電波の伝わる速さ：$300〔\mathrm{m/s}〕$，f：周波数〔MHz〕

【スリーブアンテナ】

$\frac{1}{4}$波長のアンテナエレメントと $\frac{1}{4}$ 波長の円筒形の素子によって垂直半波長ダイポールと同じ動作をします．垂直偏波で使用し水平面内指向性は全方向性(無指向性)です．

スリーブアンテナの構造を**第7.4図**に示します．

【八木・宇田アンテナ】

半波長ダイポールアンテナの前方，約 $\frac{1}{4}$ 波長はなしたところにダイポールより少し短い導線(これを導波器という)を置き，後方に約 $\frac{1}{4}$ 波長はなしてダイポールより少し

第7.5図　八木・宇田アンテナと水平面指向特性

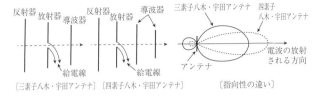

〔三素子八木・宇田アンテナ〕　〔四素子八木・宇田アンテナ〕　〔指向性の違い〕

長い導線(これを反射器という)を置いたものを三素子の八木・宇田アンテナといいます.

この場合, ダイポールを投射器または放射器といい, 給電線はこの放射器に接続されます. 八木・宇田アンテナは接地アンテナではありません.

八木・宇田アンテナと水平面指向特性を**第7.5図**に示します.

[1] 三素子八木・宇田アンテナの各素子の長さ

三素子八木・宇田アンテナの各素子の長さは,
　　導波器<放射器<反射器
の関係です.

[2] 八木・宇田アンテナの指向性

水平偏波で使用し指向性は単一指向性であり, 導波器の方向へ集中して電波が放射され, 反射器の方向へはほとんど放射されません. アンテナの利得を上げるためには, 導波器の数を増やします. 指向性を鋭くするためには, 2本以上並べてスタック(積み重ね)にします.

テレビ受信用アンテナが八木・宇田アンテナです.

第 7.6 図　パラボラアンテナの動作原理

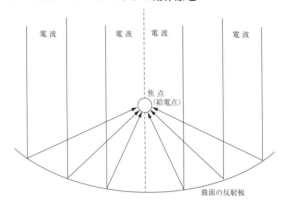

【パラボラアンテナ】

　パラボラアンテナ（Parabolic Antenna）は放物曲面をした反射器（放物面反射器 parabolic reflector）を持つ凹型アンテナでマイクロ波（SHF：3〜30GHz）帯で固定通信や衛星通信などで使用されています．

　前述のスリーブアンテナ，ブラウンアンテナ，ホイップアンテナなどは，これより波長が長い超短波帯：VHF（30〜300MHz）や極超短波帯：UHF（300MHz〜3GHz）などの移動体通信用として使われています．

【パラボラアンテナの動作原理】

　パラボラアンテナは放物面の中心軸に平行にやってきた電波がパラボラ（放物面）で反射すると一点（焦点）に集

まるという原理を用いており，懐中電灯の光も同じ原理です．小型でも電波を効率よく送受信することができます．

　パラボラアンテナの動作原理を**第7.6図**に示します．なお，コーナーレフレクタアンテナは放物面ではなく板状の反射物で構成される単一指向性のアンテナであり，主としてUHF帯で使われています．

【給電線】

　アンテナと送・受信機の間をつないで電力を有効に送るための導線を給電線（フィーダ）といいます．給電線に必要なことは，外部から誘導妨害を受けないこと，伝送途中での損失が少ないことなどで，それ自体で電波を放射したり，電波を受信したりすることは好ましくありません．

　平行2線式給電線や不平衡単線式給電線は主としてHF（短波帯）以下で用いられ，不平衡同軸給電線はおおむねVHF，UHF帯で，導波管線路はマイクロ波以上の周波数で用いられます．

[1] 整 合

　同軸給電線を用いるとき，送信機の出力インピーダンスと同軸給電線の特性インピーダンス，さらにアンテナの給電点インピーダンスが等しくなるようにします．これらのインピーダンスが等しくないと，送信機の高周波電力を効率良くアンテナに伝送することができません．

　このインピーダンスを合わせることを，整合（マッチング）をとるといいます．

[2] SHF(マイクロ波)帯で使用される給電線

　SHF(マイクロ波)帯で固定通信や衛星通信に使用されるアンテナは主としてパラボラアンテナです．これらの送受信装置とアンテナを接続する給電線として導波管が用いられます．

　3GHz以下のUHF(極超短波)帯では給電線として同軸給電線が用いられていますが，SHF帯での給電では同軸給電線では導体の抵抗損失と絶縁体の誘電体損失が大きくなり伝送効率が悪くなります．そこで，管内を中空にした金属管の導波管が用いられます．

　導波管にSHF帯の電波を送り込むと管壁で反射を繰り返しながら電波のエネルギーが伝送されます．

　導波管による高周波電力の伝送損失は，管壁を流れるわずかな電流によるものだけですので，同軸給電線に比べ伝送効率は良好です．なお，導波管で電波を伝送する場合，導波管の形状によりある周波数以下の電波が伝送できなくなる場合があります．この最も低い周波数を遮断周波数といいます．

　各種給電線の種類を**第7.7図**に示します．

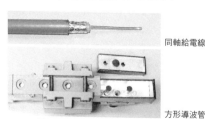

同軸給電線

方形導波管

第 7.7 図　各種給電線の種類

8. 電波伝搬

出題傾向と新問対策

送信アンテナから放射された電波が，空間をどのように伝わっていくかということを電波伝搬といいます．

国家試験ではこの分野から，VHF：30〜300MHz帯，UHF：300MHz〜3GHz，SHF：3〜30GHzの電波の伝わり方が1問出題されます．

【電 波】

導体(アンテナ)に高周波電流を流すと，導体と直角に磁力線(磁界)が発生し，同時に磁力線と直角に電気力線(電界)が発生し，電磁波(電波)として空間を伝わっていきます．

[1] 伝搬距離

電波は光速と同じく1秒間に30万[km]＝3×10^8[m/s]の速さで自由空間上を伝わります．例えば，10[μs]＝10×10^{-6}[s]の電波の伝搬距離は，$(3 \times 10^8) \times (10 \times 10^{-6}) = 3 \times 10^3$[m]＝3[km]となります．

[2] 水平偏波と垂直偏波

磁界と電界のうち，

① 電界が大地と平行になっている電波を水平偏波といいます．

② 　電界が大地と垂直になっている電波を垂直偏波といいます.

【電離層】

電離層は地球大気の上層部の気体分子が, 太陽からの紫外線によって電離された電子やイオンからできている層で, 電波を吸収して弱めたり, 屈折したり, 反射したりする性質があります.

電波が電離層を突き抜けるときの減衰と, 反射されるときの減衰は, 周波数と関係があります.

① 　突き抜けるとき…周波数が高いほど減衰が少ない.

② 　反射するとき…周波数が高いほど吸収されて減衰が大きい.

[1] F層

地上200〔km〕～400〔km〕に発生する最も高い電離層をF層といいます. 短波(3～30MHz)は, F層で反射されて地上にもどってきます. それよりも周波数の高い超短波(30～300MHz)は, F層を突き抜けてしまいます.

F層は夜間になると電子密度が小さくなり, 昼間使用できた高い周波数の電波も突き抜けてしまうため, 低い周波数に変えて交信しなければなりません.

[2] スポラジックE層

1年中で太陽光線の一番強い夏の昼間, E層(地上100kmぐらいの高さに発生する電離層)と同じ高さに突発的に発生する電子密度の高い電離層をスポラジックE層といいます. スポラジックとは突発的という意味で, Esと略すこ

220

とがあります.

スポラジックE層が発生すると，電離層を突き抜けるはずの超短波(VHF：30〜300MHzの電波)を反射し，超短波が異常に遠方まで伝わることがあります.

【電離層と電波の伝わり方】

短波(HF：3〜30MHz)は地表波の減衰が大きいので，送信地点にごく近い場所以外は地表波は利用できません.短波は**第8.1図**のように電離層(F層)で反射されて地上にもどり，地表で反射されてまたF層で反射されるということをくり返して地球の裏側まで伝わります.

電離層と電波の伝わり方について**第8.1図**に示します.

① 電離層反射波…送信アンテナから出て電離層で反射されて地上にもどってくる電波(空間波ともいう).

② 地表波…大地の表面に沿って伝わる電波.

③ 不感地帯…短波の地表波は短い距離で減衰してしま

第 8.1 図　電離層と電波の伝わり方

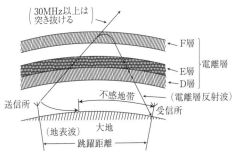

うので，最初に電離層で反射される電離層反射波がもどってくる地点との間に，地表波も電離層反射波も届かない地点ができてしまいます．この場所を不感地帯といいます．しかし，実際には電離層の状態，電波の周波数，送信電力によって，不感地帯は決まります．

④ 跳躍距離…短波(HF)帯の電波が電離層(F層)で反射されて，電離層反射波が初めて地上に達する地点と送信所との地上距離を跳躍距離といいます．

[1] フェージング

電離層伝搬を利用する短波通信では，電離層などの状態により，受信電波の強さが，時間とともに弱くなったり，強くなったりする現象(フェージングという)があります(190ページ参照)．

超短波は，地表波はすぐ減衰してしまい，空間波は電離層を突き抜けて地上にはもどってきませんから，実際に使えるのは直接波と大地反射波です．

直接波と大地反射波について，**第8.2図**に示します．

① 直接波…送信アンテナから受信アンテナへ直接伝わる電波．

② 大地反射波…一度大地で反射してから受信アンテナ

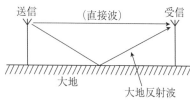

第8.2図
直接波と大地反射波

に届く電波.

電波は周波数が高くなるほど，光の性質に似てくるので，超短波では目で見える距離（見通し距離という）の範囲しか届きません．見通し距離を延ばすためには（ビルなどの障害物をさけるために），アンテナを高くします．

しかし，実際には，スポラジックE層の反射，山岳による回折（山頂で電波が折れ曲がって山陰まで電波が届く現象），散乱現象などで，見通し距離外へ電波が伝わることがあります．

【電波の伝わり方】

送信アンテナから空間に放射された電波は，使用する電波の周波数，または通達可能な距離などによって，その伝わり方が異なっています．

[1] 地上波

① 直接波…送信アンテナから受信アンテナへ直進する電波．

② 地表波…大地の表面に沿って伝わる電波．

③ 大地反射波…送信アンテナから出た電波が大地で反射して受信アンテナに達する電波．

[2] 電離層（反射）波（空間波）

送信アンテナから出た電波が電離層で反射して受信アンテナに達する電波．

[3] 対流圏波（対流圏散乱波）

送信アンテナから出た電波が対流圏内（地上約10数〔km〕以下の空気が対流している範囲）を伝わって受信ア

電波伝搬

ンテナに達する電波.

【中短波帯MHF(1606.5〜4000.0kHz)の伝わり方】

　　中波と短波の境に位置する中短波帯の電波はVHF帯では見通し外となり, HFで電離層波が利用できない数10kmの距離をカバーするもので, 地表波が伝搬の中心となります.

【短波帯 HF(3〜30MHz)の伝わり方】

　　短波帯の電波は電離層のF層反射波による伝搬が主になります. 地表とF層との反射を繰り返しながら地球の裏側まで伝わって行くので, 長距離通信に適しています.

【超短波帯 VHF(30〜300MHz)の伝わり方】

　　超短波帯の電波は, 光に似た性質で直進し, 地表波はすぐ減衰し, また, 電離層波は電離層を突き抜けてしまうので, 直接波と大地反射波が中心で見通し内の通信に適しています. また, 伝搬途中の地形や建物の影響を受けますが, 通信可能距離を延ばす方法として鋭い指向性または利得の高いアンテナを用いる, あるいはアンテナの設置場所を高くするなどの方法があります.

[1] 見通し距離外への電波の伝わり方

① 　物体や山岳などで電波が反射したり, 回折(障害物の後方にも伝わる現象)して, 見通し距離外の地域へ伝わります.

② 　スポラジックE層の反射により, 見通し距離外の地域

へ伝わります．スポラジックE層は夏季に多く発生し，超短波(VHF)の電波を反射し見通し距離外の地域へ伝わります．

③　対流圏で電波が屈折や散乱反射が生じて，見通し距離外へ伝わります．

【極超短波帯 UHF(300MHz～3GHz)の伝わり方】

極超短波帯の電波も基本的には超短波帯の電波と同様，光に似た性質で直進し，直接波と大地反射波が中心で，見通し内の通信に適しています．また，伝搬途中の地形や建物の影響を受けますが，通信可能距離を延ばす方法として鋭い指向性または利得の高いアンテナを用いる，あるいはアンテナの高さを高くするなどの方法があります．

[1] 見通し距離外への電波の伝わり方

①　物体や山岳などで電波が反射したり，回折(障害物の後方にも伝わる現象)して，見通し距離外の地域へ伝わります．

②　対流圏で電波が屈折や散乱反射が生じて，見通し距離外へ伝わります．

【マイクロ波帯(3～300GHz)の伝わり方】

マイクロ波帯の電波は直進性が強く，空電や人工雑音の影響が少ないのが特徴です．主として直接波で通信を行いますが，大地反射波が影響する場合もあります．また，伝搬途中の地形や建物の影響を受けます．

9. 電 源

出題傾向と新問対策

送信機や受信機等無線機器を働かせるためには，直流電源が必要です．電池を使用する携帯型無線機器以外は，商用電源から直流を作り出さなければなりません．このための回路を電源と呼んでいます．計算問題の解き方は237ページ参照.

この分野から1問出題されます．

【機器に用いる電源ヒューズ】

機器に用いる電源ヒューズの電流値は，機器の規格電流に比べて少し大きな値のものを使用します．

【電源回路】

電源回路の代表的な例が**第9.1図**です．国家試験では平滑回路やリップルに関する問題が出題されていますから，これを理解することが大切です．

【平滑回路】

第9.1図における整流回路と負荷の間にあるコンデンサ(C_1とC_2)および低周波チョーク・コイル(CH)を平滑回路といいます．

第9.1図　代表的な電源回路

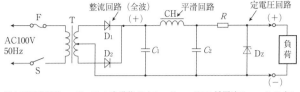

T：電源変圧器，　　D_1, D_2：半導体ダイオード，　　CH：低周波チョークコイル
C_1, C_2：平滑用コンデンサ，　R：抵抗，　　D_z：ツェナーダイオード
負荷：送・受信機など，AC100V：交流100V，F：ヒューズ，　S：スイッチ

整流された電流はまだ完全な直流ではなく交流分を含んでいます(これを脈流という). この交流分を取り除いて直流にする回路です.

① コンデンサの性質…直流は流さないが交流は流す(コンデンサの容量が大きいほど良く流れます).

② コイルの性質…交流は流さないが直流は流す.

この2つの性質を利用して，脈流中に含まれている交流分をコンデンサを通してマイナス側に流して，プラス側には行かないようにしています.

平滑回路の動作が不完全ですと，平滑回路で除ききれなかった交流入力電圧の変動分がリプル(Ripple)またはルップルと呼ばれる脈流成分となって，電源ハム(電源周波数またはその整数倍のブーという音がスピーカから出ること)の原因になります.

【電 池】

電池には乾電池と蓄電池の2種類があります.

① 乾電池は，一次電池ともいい，一度使い切ってしま

227

うと，二度とは使えません．単1，単2，単3，単4乾電池などがその代表的な例です．この電池は1.5〔V〕で，放電終止電圧（放電したときの電圧）は0.85〔V〕です．たとえば，マンガン，アルカリ，リチウム乾電池などです．

② 蓄電池は二次電池ともいい，充電することで何度でも使用できるもので，鉛蓄電池，ニッケルカドミウム電池，ニッケル水素電池，リチウムイオン電池などがあります．

③ 鉛蓄電池は約2〔V〕で，充電終止電圧は2.8〔V〕，放電終止電圧は1.8〔V〕です．なお，充電終了時，電解液の比重は約1.24～1.28となり，陽極版は茶褐色に，陰極版は青灰色に，電解液が白く濁ったりすることがあります．ニッケルカドミウム電池は1.2〔V〕で，放電終止電圧は1.0〔V〕です．

④ リチウムイオン電池は，小型軽量で電池1個の端子電圧は約3.6〔V〕です．また自己放電量が少なく，メモリー効果もないので，継ぎ足し充電ができるという特徴を持っています．最近のスマホやタブレット，携帯電話の電池として広く使用されています．放電終止電圧は3〔V〕です．

[1] 電池の接続

同一容量，同一電圧の電池を2個以上接続すると，**第9.2図**のように，

① 直列接続…高い電圧となる（容量は変わらない）

（例）1個6〔V〕，60〔Ah〕の蓄電池を3個直列にすると，

$6+6+6=18$〔V〕，合成容量は60〔Ah〕

② 並列接続…容量が増加する（電池の使用時間が長くなる）

第9.2 図　電池の直 / 並列接続

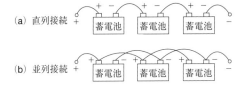

（a）直列接続

（b）並列接続

第9.3 図　インバータの働き

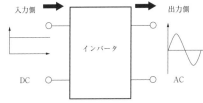

入力側

出力側

インバータ

DC

AC

[2] 電池の容量

蓄電池がどれだけ電流を流せるかという能力で、流す電流が多くなるほど、蓄電池の使用時間は短くなります。

電池の容量はアンペア時（Ahとも書く）で表し、放電する電流の大きさ〔A〕と放電できる時間〔h〕の積で表します。
（例）30〔Ah〕の電池で3〔A〕流すと10時間で電池は使用できなくなります。

【その他の電源機器】

交流と直流の電力を変換する機器としてインバータ、コンバータなどがあります。

[1] インバータ：直流（DC）から交流（AC）への変換を行う機

229

器です．インバータの例を**第9.3図**に示します．

[2] **コンバータ**：交流（AC）から交流（AC）へ，交流（AC）から直流(DC)へまたは，直流(DC)から直流(DC)へ変換を行う機器です．コンバータの例を**第9.4図**～**第9.6図**に示します．

第 9.4 図　AC-AC コンバータの働き

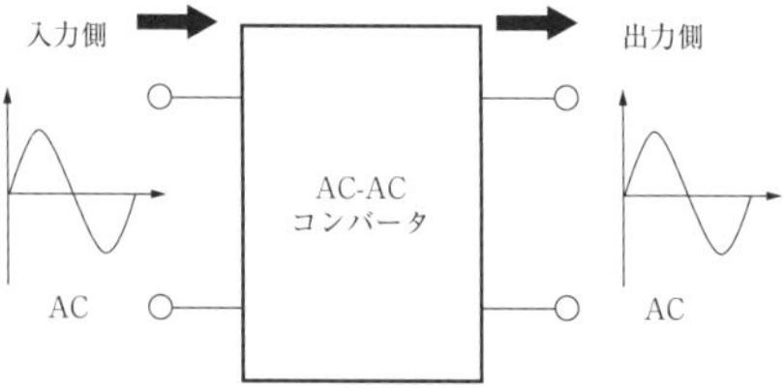

第 9.5 図　AC-DC コンバータの働き

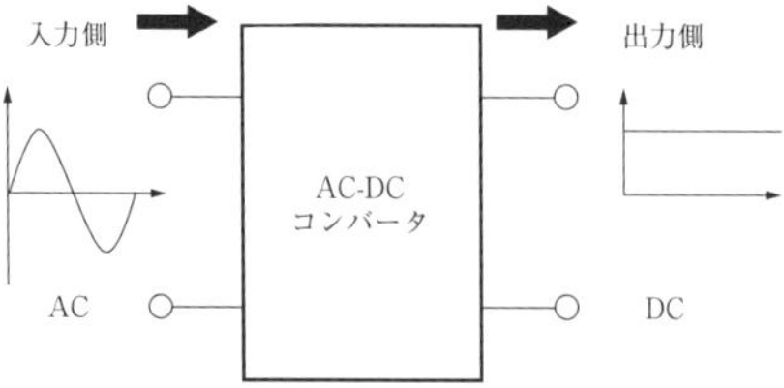

第 9.6 図　DC-DC コンバータの働き

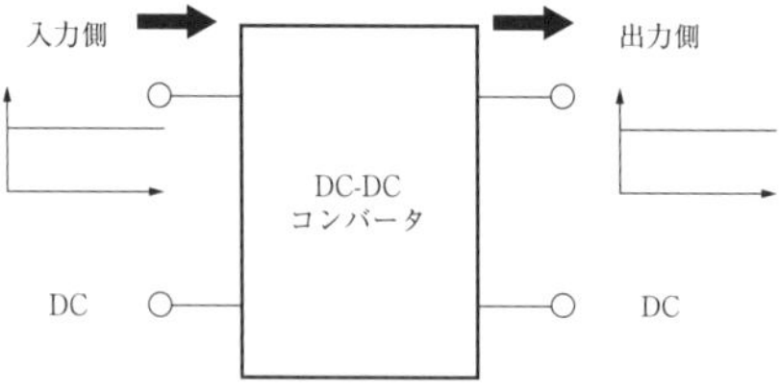

10. 無線測定

出題傾向と新問対策

　無線局が発射する電波(電波の質)を技術基準に適合させるためには，常に送信装置の手入れ(保守管理)が必要です．そのために測定器と測定法の知識が必要です．

　この分野では1問出題されますが，実践的な知識が求められ，計算問題はありません．

　国家試験では，指示計器(指針と目盛で電圧・電流などを直接指示するようにした計器，主として可動コイル形計器)とテスタなどの測定器が出題されます．

【指示計器】

　直流をはかるためのもので，直流電流計または直流電圧計として可動コイル形計器が用いられています．感度が良く，目盛りが等間隔になるという特徴があります．現在，可動鉄片型計器はほとんど使われていません．

　指示計器の種類と使用回路の図記号を**第10.1図**に示します．

【可動コイル形計器】

第10.2図に可動コイル形計器の例を示します．

第 10.1 図　　指示計器の種類と使用回路の図記号

指　示　計　器			使　用　回　路			
電流計	電圧計	検流計	直　流	交　流	高周波	交直両用
Ⓐ	Ⓥ	⬆	⁝⁝	∼	∿∿	≃

【測定器】

[1] 電圧，電流の測定

　　回路の電圧を測定するときは，測定回路と並列に電圧計を，電流を測定するときは測定回路に直列に電流計を接続します．特に直流の場合は極性を間違わないように注意が必要です．

[2] アナログ方式の回路計（テスタ）

　　1台で直流電流，直流電圧，交流電圧，抵抗を測定できるようになっています．これは，1つの可動コイル形計器と，多くの分流器，倍率器用の抵抗と，整流器を組み込んであり，スイッチでいろいろな測定ができるようになっています．

第 10.2 図

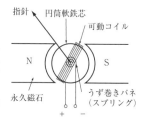

最近では可動コイル形計器の代わりに液晶表示器で数値をデジタル表示するものが主流となっています．なお，高周波電流はテスタでは直接測定はできません．

① 回路の抵抗の測定…テスタの中に電池が入っていて, 測定する抵抗に電流を流し, その電流を測定することによって, 抵抗をはかるようになっています.

② 測定方法

(1) 抵抗値にあわせて「測定レンジ」を選ぶ.

(2) 2本の「テスト棒」の先端を短絡(ショート)する.

(3) 指針が0〔Ω〕をさすように「0〔Ω〕調整用のつまみ」を回して0〔Ω〕調整(ゼロ点調整ともいう)をする.

という手順で行います.

③ 保護ヒューズ

テスタには通常保護ヒューズが内蔵されており, 電流測定時に過電流(ヒューズの定格電流以上)が流れると, ヒューズが切れて計器を保護します. ヒューズの断線を確かめるには, テスタを抵抗(OHMS)測定レンジに切り替えて導通を確認します.

[2] 高周波電流の測定

高周波電流は通常の可動コイル形計器の電流計やテスタでは直接測定できませんので, 高周波電流計(熱電対型電流計)を用いて測定します.

熱電対型電流計の例を**第10.3図**に示します.

**第10.3図
熱電対型電流計の例**

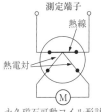

永久磁石可動コイル形計器

11. 国試に出る計算問題の解き方

1. 無線工学の基礎

問1 図に示す回路の端子ab間の合成静電容量は幾らになるか.

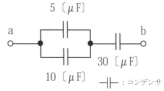

5〔μF〕

30〔μF〕

10〔μF〕

—| |— : コンデンサ

【解き方】 図は, 直並列回路ですから, まず並列になっているC_1=5〔μF〕とC_2=10〔μF〕の並列合成静電容量を求め, 次にC_3=30〔μF〕との直列静電容量を求めます.

静電容量C_1=5〔μF〕とC_2=10〔μF〕の並列合成静電容量C_X〔μF〕は, 次式で表されます.

$$C_X = C_1 + C_2 = 5+10 = 15〔\mu F〕$$

並列合成静電容量C_X=15〔μF〕とC_3=30〔μF〕の直列合成静電容量C_{ab}〔μF〕は, 次式で表されます.

$$C_{ab} = \frac{C_X \times C_3}{C_X + C_3} = \frac{15 \times 30}{15+30} = \frac{450}{45} = 10〔\mu F〕$$

問2 図に示す回路の端子ab間の合成静電容量は幾らになるか.

図は, コンデンサの直列接続回路ですから, C_1=20〔μF〕とC_2=60〔μF〕の直列合成静電容量C_{ab}〔μF〕は, 次式で表されます.

20〔μF〕　60〔μF〕

a ○—| |——| |—○ b

—| |— : コンデンサ

$$C_{ab} = \frac{C_1 \times C_2}{C_1 + C_2} = \frac{20 \times 60}{20 + 60} = \frac{1200}{80} = 15 \,(\mu F)$$

問3 図に示す回路の端子ab間の合成抵抗の値として，正しいのは次のうちどれか．

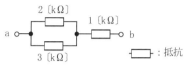

【解き方】 図は，直並列回路ですから，まず並列になっている2〔kΩ〕と3〔kΩ〕の合成抵抗を1つの抵抗値にすることを求め，次に直列の1〔kΩ〕を加えます．

抵抗$R_1 = 2$〔kΩ〕と$R_2 = 3$〔kΩ〕の並列合成抵抗R_x〔kΩ〕は，次式で表されます．

$$R_x = \frac{R_1 \times R_2}{R_1 + R_2} = \frac{2 \times 3}{2 + 3} = \frac{6}{5} = 1.2 \,(k\Omega)$$

並列合成抵抗$R_x = 1.2$〔kΩ〕と$R_3 = 1$〔kΩ〕の直列合成抵抗R_{ab}〔kΩ〕は，次式で表される．

$$R_{ab} = R_x + R_3 = 1.2 + 1 = 2.2 \,(k\Omega)$$

問4 次に挙げた消費電力Pを表す式において，誤っているのはどれか．ただし，Eは電圧，Iは電流，Rは抵抗とする．

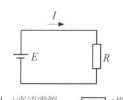

【解き方】 電圧E，電流I，抵抗Rより電力Pを求めると，次式で表されます．

$$P = EI \quad\cdots\cdots\cdots\cdots\cdots\cdots\cdots\cdots\cdots\cdots(1)$$

オームの法則により，(1)に$E = IR$を代入すると

$$P = (IR) \times I = I^2 R \quad\cdots\cdots\cdots\cdots\cdots\cdots\cdots(2)$$

オームの法則により，(1)に$I=\dfrac{E}{R}$を代入すると

$$P=E\times\left(\dfrac{E}{R}\right)=\dfrac{E^2}{R}$$

　このことから，p.58の問8は選択肢4が誤りであり，p.61の問15は選択枝2が誤りです．なお，誤った選択肢に〔$P=IR$〕，〔$P=E^2I$〕の問題も出題されています．

| 問5 | 図に示す電気回路において，抵抗Rの値の大きさを2倍にすると，この抵抗の消費電力は，何倍になるか．

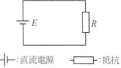

—||—：直流電源　　□□—：抵抗

【解き方】　抵抗と電力との関係は，オームの法則から反比例の関係です．

　抵抗Rの値を3倍($3\times R$)にすると消費電力Pは，オームの法則から

$$P=\dfrac{E^2}{3\times R}=\dfrac{1}{3}\times\dfrac{E^2}{R}$$

したがって抵抗が3倍になると消費電力は$\frac{1}{3}$になります．

　関連問題で抵抗Rの値を2倍($2\times R$)にすると同様に消費電力Pは，オームの法則から

$$P=\dfrac{E^2}{2\times R}=\dfrac{1}{2}\times\dfrac{E^2}{R}$$

したがって抵抗が2倍になると消費電力は$\frac{1}{2}$になります．

2. 電子回路

| 問1 | 図は，振幅が100〔V〕の搬送波を単一正弦波で振幅変調したときの変調波の波形である．変調度が50〔%〕のと

き，振幅の最大値Aの値は幾らか.

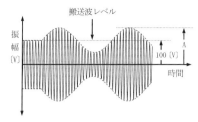

【解き方】 搬送波の振幅をC〔V〕，信号波の振幅をS〔V〕とると，搬送波の振幅は無変調時の搬送波レベルですから，図より$C = 100$〔V〕となります.

変調度M〔％〕は，$M = \dfrac{S}{C} \times 100$〔％〕なので，信号波の振幅$M$は，

$$S = \frac{M}{100} = 100 \times 50/100 = 50 \text{〔V〕}$$

最大振幅A〔V〕は，搬送波の振幅と信号波の振幅の和となるので，

$$A = C+S = 100+50 = 150 \text{〔V〕}$$

問2 図は，振幅が一定の搬送波を単一正弦波で振幅変調したときの変調波の波形である. 変調度は幾らか.

【解き方】 搬送波の振幅C〔V〕は搬送波のレベルですから，図より$C = 60$〔V〕となります.

最大振幅をA〔V〕とすると信号波の振幅S〔V〕は次式で表されます.

237

$$S = A - C = 90 - 60 = 30〔V〕$$

したがって，変調度変調度M〔%〕は，

$$M = \frac{S}{C} \times \frac{30}{60} \times 100 = 50〔%〕$$

7.空中線・給電線

問1　150〔MHz〕用ブラウンアンテ
ナの放射器の長さは，ほぼ幾らか

【解き方】 電波の波長λ〔m〕と周波
数f〔MHz〕の関係は，真空中では
以下の式で求めることができます．

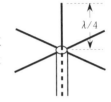

C：光速　3.0×10^8〔m/s〕

$$波長 \lambda = \frac{C}{f} = \frac{3 \times 10^8}{f〔Hz〕} = \frac{300}{f〔MHz〕} = \frac{300}{150} = 2〔m〕$$

ブラウンアンテナの放射素子の長さは図より$\frac{1}{4}$ですか
ら，放射素子の長さは波長の$\frac{1}{4}$となりますので，

$$\frac{\lambda}{4} = \frac{2〔m〕}{4} = 0.5〔m〕$$

となります．

9. 電源

問1　端子電圧6〔V〕，容量30〔Ah〕の充電ずみの電池を2
個並列に接続し，これに電流が6〔A〕流れる負荷を接続し
て使用したとき，この電池は通常何時間まで連続して使
用することができるか．

【解き方】 電池を並列接続したときの合成容量は電池1個の

容量の個数倍になるので，2個並列に接続すると

$30 \times 2 = 60$〔Ah〕

電池の容量は電流×時間で表されますので，容量が60〔Ah〕，電流が6〔A〕なので，

$$\frac{容量}{電流} = \frac{60}{6} = 10 \text{〔時間〕} \quad となります.$$

問2 1個の電圧及び容量が6〔V〕，60〔Ah〕の蓄電池を3個並列に接続したとき，合成電圧及び合成容量の組合せで，正しいのは次のうちどれか.

【解き方】 電池を並列接続したときの合成電圧は電池1個の容量と同じなので6〔V〕です. また，電池を並列接続したときの合成容量は電池1個の容量の個数倍になりますので，3個並列に接続すると $60 \times 3 = 180$〔Ah〕 となります.

問3 端子電圧6〔V〕，容量(10時間率)60〔Ah〕の充電済みの鉛蓄電池を2個並列に接続し，これに電流が12〔A〕流れる負荷を接続して使用したとき，この蓄電池は通常何時間まで連続して使用することができるか.

【解き方】 鉛蓄電池を並列接続したときの合成容量は蓄電池1個の容量の個数倍になるので，2個並列に接続すると

$60 \times 2 = 120$〔Ah〕

電池の容量は電流×時間で表されますので，容量が120〔Ah〕，電流が12〔A〕ですので，

$$\frac{容量}{電流} = \frac{120}{12} = 10 \text{〔時間〕} \quad となります.$$

第2級陸上特殊無線技士国試　要点マスター

2020年4月25日　初版発行
2023年8月 1日　第2版発行

© 魚留　元章　2023

著　者		魚留　元章
発行人		櫻田　洋一
発行所		CQ出版株式会社
〒112-8619 東京都文京区千石4-29-14		
電　話	出版	03-5395-2149
	販売	03-5395-2141
振　替		00100-7-10665
DTP		（株）コイグラフィー
印刷・製本		三晃印刷（株）

乱丁・落丁本はお取り替えします。
定価は裏表紙に表示してあります。
ISBN978-4-7898-1954-1

編集担当　甕岡　秀年
Printed in Japan